JN093919

エンジニアのための

実践 SYMBOL

ブロックチェーンアプリケーション

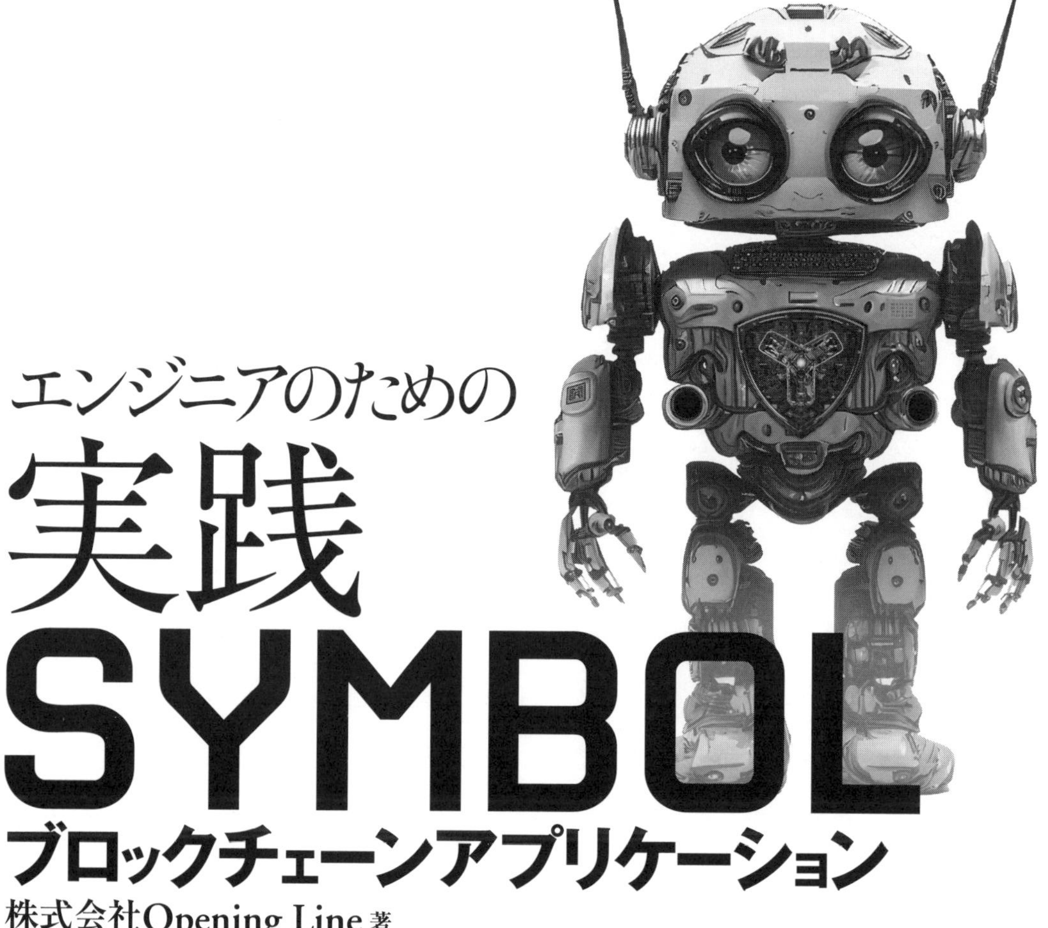

株式会社Opening Line 著

秀和システム

まえがき

ブロックチェーン技術が登場してから、すでに10数年が経過し、その影響力はビジネスや社会に広がりを見せています。この間に発表された文献や資料の多くは、理論や概念、および将来的な可能性に多くのページを割いています。しかし、それらの多くが理論と概念を説明することに留まり、実践（＝アプリケーション開発などの具体的な実装）への道筋が示されていないのが現状です。

本書は、このような理論と実践のギャップを埋めるために書かれました。エンジニア、企業、そして一般の方々が「Proof of Concept（PoC：概念実証）」のステージで手を動かし、具体的なアプリケーションやシステムを構築するための実用的なガイダンスを提供することが目的です。

筆者は、現在ではブロックチェーン技術を活用する株式会社 Opening Line に勤務していますが、以前は障碍者支援の仕事に就いていました。そこで、普段の仕事と並行して、多くの先輩方のアドバイスに励まされながら、ブロックチェーンを活用した「３ステップウォレット」という後見人承認をシステム化したアプリケーションの開発に挑戦しました。Symbol ブロックチェーンとそのユーザーフレンドリーな SDK を用いて、PoC のステージを円滑に進めることができました。

本書を通じて、皆さまがブロックチェーン技術の力を理解し、ビジネスや社会全体に新たな価値をもたらすきっかけとなることを、心より願っています。ブロックチェーンの活用は、これからが本格的なスタート地点です。皆さまとともに、その未来を形作っていくための「第1ページ（Opening Line）」を本書で踏み出したいと考えています。

一緒に、未来を形作る旅を始めましょう。

2023年10月
株式会社 Opening Line　松本 一将

刊行に寄せて

この数十年間において、ブロックチェーンほど世界の注目を集めたイノベーションはないでしょう。イノベーションの豊かな土壌というだけではなく、非常に対照的な哲学が、技術的なパラダイムが、そして運用モデルが、綿密にテストされ議論される坩堝となりました。そして、優秀な頭脳が、スピードとセキュリティ、分散化の絶妙なバランスについて熟議しています。

Symbolは、こういった決然とした試みに対する私たちの貢献です。そのプロトコルの美しさはシンプルさの中にあります。軽量で拡張性に富むプラットフォームであると同時に、ブロックチェーン特有の複雑さからユーザーを解き放ちます。意欲的な開発者や先見の明を持つ者にとって、Symbolは先鋭的なアイデアを具現化する最良のツールキットとなるでしょう。

しかし、最も魅力的な特徴は、おそらく単に技術やツールではありません。Symbolには、身近で実用的なアプリケーションを創ることへの溢れる情熱を特徴とする、活気に満ちたコミュニティが誕生しました。Discordや掲示板、X（旧Twitter）のスレッド、Qiitaの記事などに、Symbolに関する議論や試み、つぶやきを見出すことができます。経歴や言語、スキルに関係なく、このコミュニティであなたのアイディアを共有すれば、「Next Big Thing」※をともに創り上げる仲間を見つけることができるはずです。

本書を読み進めるにつれて、Symbolエコシステムを通じての旅路を魅力的で啓発的なものとする包括的なガイドや実践的な例、そして豊富な知識に触れることができるでしょう。ベテラン開発者であれ、これから開発を始める人であれ、本書がSymbolの設計思想を掘り進め、その哲学を理解し、そしておそらくは、その成長する伝承に貢献する備えとなることを願って。

Symbolコアデベロッパー
Gimre
Hatchet
Jaguar

※　ウォールストリートジャーナルが発表していた成長著しい有力なスタートアップ企業のリストのことで、転じて、「次に大化けしそうなスタートアップ企業」を指す。

本書について

本書は、Symbolと呼ばれるブロックチェーンをより多くのエンジニアに知っていただくために執筆されました。

ブロックチェーンでどんなことができるのか、実際にどのようなユースケースがあるのか、どうやってアプリ開発を行うのかを1冊にまとめました。特に初学者が躓きやすい環境構築からアプリ開発、そしてデプロイまで一気通貫で、手を動かしながら学習できます。

●対象の読者

- ブロックチェーンに興味がある人
- ブロックチェーンで実際にアプリを作りたい人
- Symbolブロックチェーンと他のチェーンの違いを知りたい人
- なるべく低い学習コストでブロックチェーンを動かしてみたい人

●内容のハイライト

- Symbolブロックチェーンの基礎
- TypeScriptでのSymbolブロックチェーンハンズオン
- Symbolブロックチェーンのユースケース
- Symbolブロックチェーンを活用したアプリ開発

●期待される結果

本書を読み終えた時点で、Symbolブロックチェーンアプリケーションの開発に関する専門知識を獲得し、ブロックチェーンアプリをリリースできるようになります。また、構築したブロックチェーンアプリを組み合わせたり改変することで、自分のプロジェクトにブロックチェーンを導入できるようになります。

本書を読み、手を動かし、Symbolブロックチェーンの魅力的な世界に飛び込んでください。ブロックチェーン技術を活用した次世代のアプリケーションを開発するためのスキルを獲得し、革新的なプロジェクトに挑戦しましょう。

目 次

第3章　ブロックチェーンを使った実践的なサービスのロジックを学ぶ

第1章

Symbolブロックチェーン開発のための環境構築

人間は、やり通す力があるかないかによってのみ、称賛または非難に値する。

— レオナルド・ダ・ヴィンチ（ルネサンス期の芸術家）

まず最初に、環境構築に取り組みましょう。これがないと始まりませんが、意外と設定に手間取ったり、うまくいかずに挫折したりする場合があります。
本章では、誰もがつまずかないように、最初から最後までていねいに解説していきます。

1-1
ツールの導入と確認

本書で取り扱う環境は、次の通りです。

・Node.js

サーバサイドでのJavaScriptの実行を可能にするオープンソースのプラットフォームです。Googleが開発したJavaScriptエンジン「V8」を基盤にしています。非同期I/O処理やイベント駆動アーキテクチャを採用しており、大量ユーザーの同時接続やリアルタイムアプリケーションに適した設計が行われています。WebサーバやAPIサーバ、IoTデバイスの開発など、幅広い用途で利用されています。

・npm

「Node Package Manager」の略で、Node.jsのパッケージ管理システムです。Node.jsのプロジェクトで利用するモジュールやライブラリを簡単にインストール、管理、公開できるようにするツールです。npmは、世界最大のパッケージリポジトリであり、数多くのパッケージが提供されています。npmを使うことで、開発者は自分のプロジェクトに便利な機能を手軽に追加したり、自分が作成したパッケージを他の開発者と共有したりできます。

・ts-node

TypeScriptを直接実行できるようにするコマンドラインツールです。TypeScriptは、JavaScriptのスーパーセットで、静的型チェックやオブジェクト指向機能を追加した言語です。通常、TypeScriptはJavaScriptにコンパイルして実行しますが、ts-nodeを使えばコンパイル作業を省略し、TypeScriptコードをそのまま実行できます。これにより、開発者はTypeScriptの開発プロセスを効率化でき、リアルタイムでのテストやデバッグ作業が容易になります。

1-1-1 Node.js関連ツールの導入

Node.js（npm）をインストール

Node.jsは、すでにインストール済みの人も多いでしょう。その場合は、本項は飛ばして構いません。また、バージョンの確認方法は、次のコラムを参照してください。

Column npmのバージョン確認方法

コマンドラインで次のように実行すると、npmバージョンを確認できます。このようにバージョンが表示されればインストールは完了しており、数字は異なっても問題ありません。

```
$ node -v
v18.12.0
$ npm -v
8.19.2
```

Node.jsの公式サイト*1から、お使いのOS用のインストーラをダウンロードし、ローカル環境にインストールしてください。

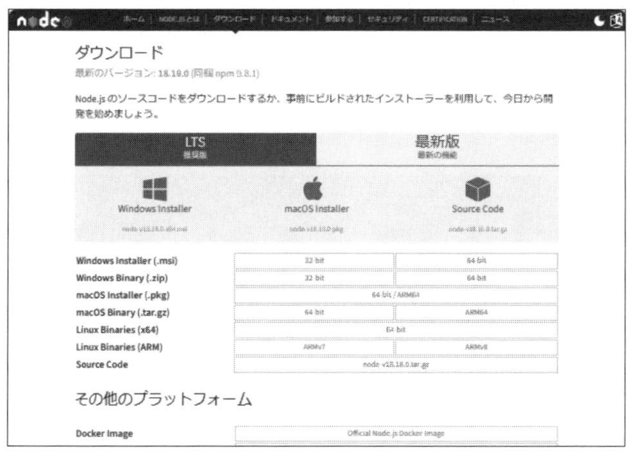

● 図1-1　Node.jsのダウンロードページ（https://nodejs.org/ja/download）

＊1　https://nodejs.org/

インストールが完了したら、前ページのコラム「npmのバージョン確認方法」を参照してバージョンを確認してください。インストールが正常に行われたことが確認できます。

```
$ node -v
v18.12.0
$ npm -v
8.19.2
```

Column nvmによるパッケージ管理

nvmを使用してバージョン管理するとバージョンの切り替えが素早くできるため、筆者は特に愛用しています。これは好みの問題でもあり、あくまでも筆者の場合なので、使わなければならないというわけではありません。

nvmのインストールは、次のように行います。

○bashの場合

```
$ curl -o- https://raw.githubusercontent.com/nvm-sh/nvm/
v0.38.0/install.sh | bash

$ export NVM_DIR="$HOME/.nvm"
$ [ -s "$NVM_DIR/nvm.sh" ] && . "$NVM_DIR/nvm.sh"
$ [ -s "$NVM_DIR/bash_completion" ] && . "$NVM_DIR/bash_
completion"
```

○zshの場合

```
$ curl -o- https://raw.githubusercontent.com/nvm-sh/nvm/
v0.38.0/install.sh | zsh

$ export NVM_DIR="$HOME/.nvm"
$ [ -s "$NVM_DIR/nvm.sh" ] && . "$NVM_DIR/nvm.sh"
$ [ -s "$NVM_DIR/bash_completion" ] && . "$NVM_DIR/bash_
completion"
```

Windowsの場合は「nvm-windows」というアプリケーションをインストールします。配布ページ（https://github.com/coreybutler/nvm-windows/releases）からLatest（執筆時点ではv1.1.11）の**nvm-setup.exe**をダウンロードしてインストールしてください。

▾Assets 9	
nvm-noinstall.zip	4.58 MB
nvm-noinstall.zip.checksum.txt	34 Bytes
nvm-setup.exe	5.47 MB
nvm-setup.zip	4.97 MB
nvm-setup.zip.checksum.txt	34 Bytes
nvm-update.zip	4.07 MB
nvm-update.zip.checksum.txt	34 Bytes
Source code (zip)	
Source code (tar.gz)	

nvmを使用してNode.jsの特定のバージョンをインストールするには、次のように実行します。

```
$ nvm install v18.12.0
```

また、nvmを使用してインストール済みのバージョンを切り替えるには、次のように実行します。

```
$ nvm use v18.12.0
```

そのほかに、使用可能なバージョン一覧を表示するには、次のように実行します。

```
$ nvm ls
```

このようにnvmを活用すれば、たとえばプロジェクト単位で異なるNode.jsの特定のバージョンを切り替えるといったことが可能になります。

ts-nodeのインストール

次のようにして、npmでts-nodeをインストールします。

```
$ npm install -g ts-node
$ ts-node -v
v10.9.1
```

これで環境構築は完了です。

1-1-2 TypeScriptの導入

npmでTypeScriptをインストールします。

```
$ npm install -g typescript
$ tsc -v
Version 4.8.4
```

npmを使うと、基本的には最新版がインストールされますが、パッケージによっては古いバージョンのTypeScriptでしか動作しない（パッケージ側のアップデートが追いついていない）といったことがあります。

そういった場合は、自分の環境のバージョンを把握しておき、そのパッケージがどのバージョンで動作するのかを確認していく必要があります。

本書では、TypeScript 4.8.4環境で動作を確認しています。

1-2 SDKの導入

ベースとなる環境構築が終わったら、Symbol SDKをインストールします。

1-2-1 作業用ディレクトリの作成

まずは作業用のディレクトリを作成します。任意のディレクトリで、`symbol-sdk-sample`というディレクトリを作成します。

```
$ mkdir symbol-sdk-sample
```

1-2-2 package.jsonの作成

次に、`package.json`を作成します。これはNode.jsプロジェクトにおける設定ファイルで、プロジェクト全体の情報や依存関係、スクリプトなどが記載されています。

```
$ cd symbol-sdk-sample
$ npm init -y
```

1-2-3 symbol-sdkのインストール

これで準備が整ったので、`symbol-sdk`をインストールします。Node.jsのバージョンは10以降が必要です。

詳しくは、「Symbol SDK for TypeScript and JavaScript」*2を参照してください。

*2　https://github.com/symbol/symbol-sdk-typescript-javascript

```
$ npm install symbol-sdk@2 rxjs ws @types/ws
```

Symbol SDKには、version 2.x系統とversion 3.x系統があることに注意してください。本書では、特に断りのない場合、version 2.x系統を使用しています。version 2.x系統とversion 3.x系統の差異や、それぞれの今後の展望については「Appendix　より深く学ぶために」の内容を参考にしてください。

symbol-sdkとは別に、RxJSとwsもインストールしています。RxJSは、symbol-sdkを使用するにあたって非同期処理の部分を担当するモジュールです。wsはWebSocketプロトコル（RFC-6455に準拠）の実装ライブラリで、トランザクションの監視部分を担当するモジュールです。

1-2-4 サンプルコード

それでは、サンプルコードを記述していきましょう。

このサンプルコードはSymbolブロックチェーンのテストネット上でアカウントを作成するものです。

sample.tsファイルを作成し、次のコードを記述してください。

```
import { RepositoryFactoryHttp, Account } from "symbol-sdk";
import { firstValueFrom } from 'rxjs';

const example = async (): Promise<void> => {
  // Network information
  const nodeUrl = "http://sym-test-01.opening-line.jp:3000";
  const repositoryFactory = new RepositoryFactoryHttp(nodeUrl);
  const networkType = await firstValueFrom(repositoryFactory.getNetwo
rkType());
  const alice = Account.generateNewAccount(networkType!);
  console.log(alice);
  console.log(alice.address);
  console.log(alice.privateKey);
  console.log(alice.publicKey);
};
example().then();
```

保存したら、ローカル環境で実行してみましょう。

```
$ ts-node sample.ts
```

実行に成功すると、次のようなレスポンスが返ってくるはずです。

```
Account {
  address: Address {
    address: 'TBUWBCH7S3JRBBLVNWAZYUTPNENGU4B3R5UY6LY',
    networkType: 152
  },
  keyPair: {
    privateKey: Uint8Array(32) [
       66,  36,  86, 103,  51,  95, 159, 223,
      175,   7,  49,  53, 255, 204, 132, 142,
      175, 223, 252, 249, 182,  51, 179, 162,
       31,  50,  38, 153,  47, 177, 180, 122
    ],
    publicKey: Uint8Array(32) [
      183,  36,  95, 132, 254, 185, 193,
       77, 241, 246, 105, 166, 171, 177,
      114, 249, 195, 181, 214, 240, 253,
       30, 207,  29, 165, 115,  52, 247,
       53, 202, 173,  62
    ]
  }
}
Address {
  address: 'TBUWBCH7S3JRBBLVNWAZYUTPNENGU4B3R5UY6LY',
  networkType: 152
}
42245667335F9FDFAF073135FFCC848EAFDFFCF9B633B3A21F3226992FB1B47A
B7245F84FEB9C14DF1F669A6ABB172F9C3B5D6F0FD1ECF1DA57334F735CAAD3E
```

このようになっていれば、大丈夫です。

ブロックチェーンのノードが動いていない環境下で実行すると、次のようなエラーが返ってくることがあります。

```
(node:47715) UnhandledPromiseRejectionWarning: FetchError: request to
http://sym-test-04.opening-line.jp:3000/network/properties failed,
reason: getaddrinfo ENOTFOUND sym-test-04.opening-line.jp
```

```
    at ClientRequest.<anonymous> (/Users/matsumotokazumasa/sokushu-
symbol-ts-node/node_modules/node-fetch/lib/index.js:1505:11)
    at ClientRequest.emit (events.js:400:28)
    at ClientRequest.emit (domain.js:475:12)
    at Socket.socketErrorListener (_http_client.js:475:9)
    at Socket.emit (events.js:400:28)
    at Socket.emit (domain.js:475:12)
    at emitErrorNT (internal/streams/destroy.js:106:8)
    at emitErrorCloseNT (internal/streams/destroy.js:74:3)
    at processTicksAndRejections (internal/process/task_queues.
js:82:21)
(Use `node --trace-warnings ...` to show where the warning was creat
ed)
(node:47715) UnhandledPromiseRejectionWarning: Unhandled promise reje
ction. This error originated either by throwing inside of an async fu
nction without a catch block, or by rejecting a promise which was not
handled with .catch(). To terminate the node process on unhandled pro
mise rejection, use the CLI flag `--unhandled-rejections=strict` (see
https://nodejs.org/api/cli.html#cli_unhandled_rejections_mode). (reje
ction id: 1)
(node:47715) [DEP0018] DeprecationWarning: Unhandled promise rejectio
ns are deprecated. In the future, promise rejections that are not han
dled will terminate the Node.js process with a non-zero exit code.
```

もしエラーが発生した場合は、最初に記載されている行をよく読んでみましょう。

上の例では、次のように記載されています。

```
(node:47715) UnhandledPromiseRejectionWarning: FetchError: request to
http://sym-test-04.opening-line.jp:3000/network/properties failed,
reason: getaddrinfo ENOTFOUND sym-test-04.opening-line.jp
```

これにより、参照しているURLの**fetch**に失敗していることがわかります。そのため、URLが違う可能性があると判断できます。

その他によくあるエラーとして、アドレスや秘密鍵の値が規定のフォーマットに沿っていない場合は、次のようになります。

```
node_modules/symbol-sdk/src/core/format/Convert.ts:74
            throw Error(`hex string has unexpected size '${input.leng
th}'`);
                  ^
Error: hex string has unexpected size '65'
```

この場合、**hex string**のサイズが異なると示されているので、コード内で16進数を使っている値（アドレスや秘密鍵）に何らかの誤りがあるのではないかと推測できます。

環境構築の際にはさまざまなエラーが出てくるかもしれませんが、まずは最初に出ている文章をよく見てみることが大切です。それらの文言をWeb検索してみてもよいでしょう。同様のエラーに遭遇した人が、解決策を示してくれていることもよくあります。

1-3 デスクトップウォレットのセットアップ

デスクトップウォレットは、Symbolブロックチェーンを操作するためのGUIアプリケーションです。複雑なコードやコマンドを入力することなく、視覚的に操作できます。

ここでは、まずデスクトップウォレットをダウンロードし、インストールを行います。

1-3-1 ダウンロードページへのアクセス

まずはデスクトップウォレットを次のURLからダウンロードします。執筆時点のバージョンはv1.0.13でした。

```
https://github.com/symbol/desktop-wallet/releases
```

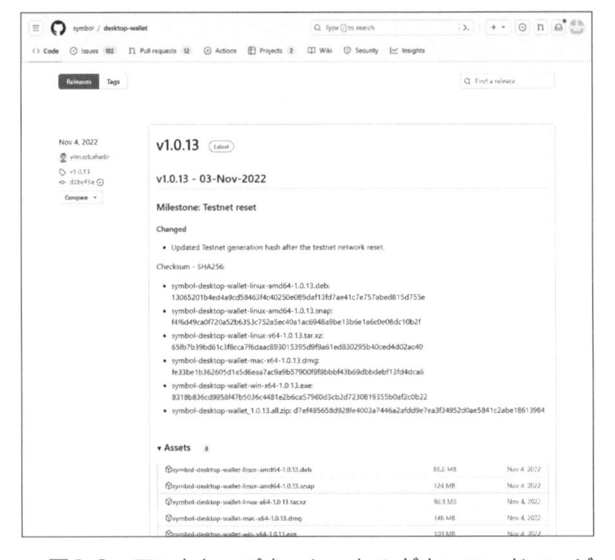

● 図1-2　デスクトップウォレットのダウンロードページ

Windowsの場合は「`symbol-desktop-wallet-win-x64-1.0.13.exe`」を、macOSの場合は「`symbol-desktop-wallet-mac-x64-1.0.13.dmg`」をダウンロードし、実行してインストールしてください。

インストールが完了してアプリケーションを起動すると、図1-3のような画面になります。

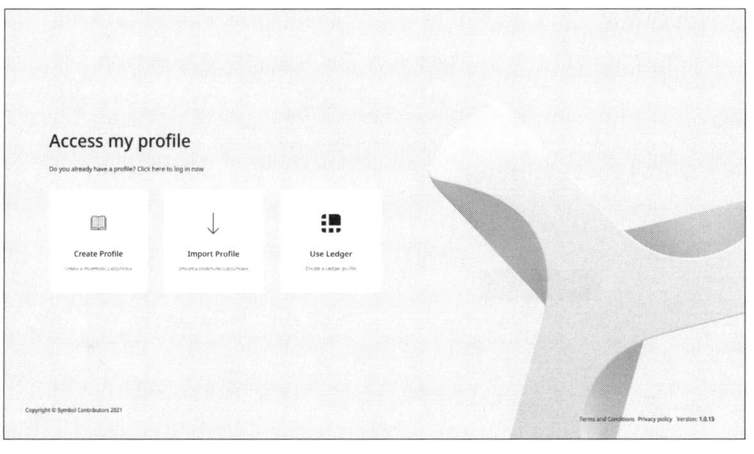

● 図1-3　デスクトップウォレットの画面

左から、「プロファイルの作成」「プロファイルのインポート」「Ledgerのプロファイル作成」です。

名前とパスワードを設定すれば、1つのプロファイルで複数のアカウントを管理することが可能になります。たとえば、自分の資産を管理するプロファイルと他人から受け取った資産を管理するプロファイルを分けるといった運用が可能になります。

ここでは［Create Profile］を選択し、新しくプロファイルを作成していきます。

1-3-2 プロファイルの作成

デスクトップウォレットにおける**プロファイル**とは、アカウントを1つにまとめる単位です。

プロファイル作成の流れは、次のようになっています。

1. プロファイルの設定
2. ニーモニックの生成
3. ニーモニックフレーズの保存
4. ニーモニックの認証
5. 完了

●プロファイルの設定

［Create Profile］を選択すると、図1-4のような画面になります。

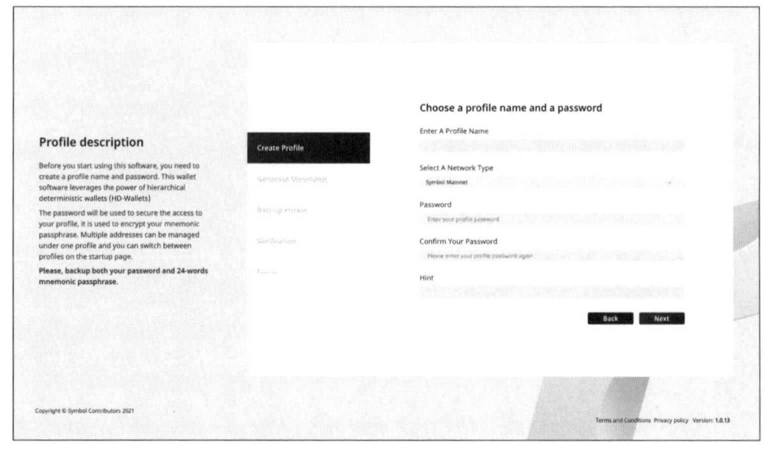

● 図1-4　プロファイルの設定

この画面では、次の5つの項目を入力します。

●プロファイル名

用途に応じて、わかりやすい名前を設定してください。前述したように、デスクトップウォレットでは複数のプロファイルを持つことができるため、次回以降ログインする際の識別に利用します。

●ネットワークタイプ

ネットワークのタイプとして、2つのSymbolブロックチェーンが存在しています。1つは**メインネット**で、基軸通貨のXYMが金銭的価値を持ちます。もう1つは**テストネット**で、検証用や開発用のネットワークです。本書では、通貨価値を持たないテストネットを利用します。したがって、［Symbol Testnet］を選択します。

Hint

メインネットを利用する際は、[Symbol Mainnet] を選択します。メインネットは通貨価値を持つので、慎重に扱う必要があります。

パスワード

デスクトップウォレットにログインする際、送金などのトランザクションを署名する際に使用します。端末が盗難されるなどのトラブルがあると、簡単な英単語といった解読されやすいパスワードでは容易にログインされてしまい、アカウント内のアセットが盗まれてしまいます。複雑なパスワードを設定しましょう。

パスワード確認

確認のため、パスワードで入力した内容を再度入力します。

パスワードのヒント

パスワードを思い出すきっかけとなるメモを入力できます。この項目は入力しなくても差し支えありません。

入力が完了したら［Next］ボタンを押します。

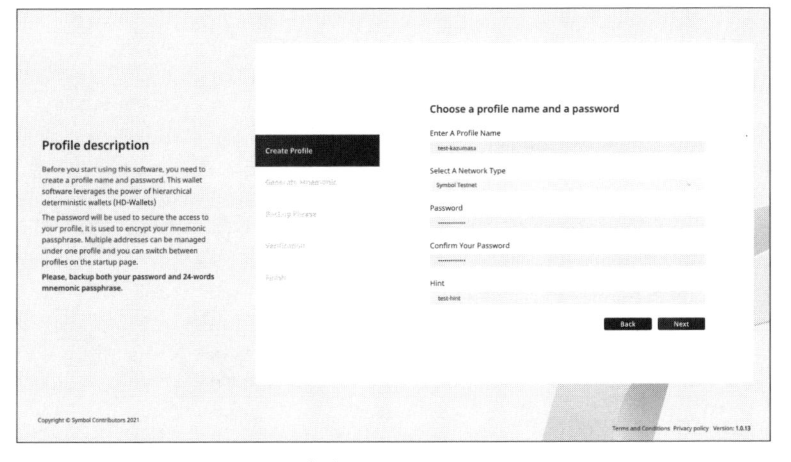

● 図1-5　プロファイルの入力完了

1-3-3 ニーモニックの生成

Information

暗号資産ウォレットのアカウントの復号のために使うフレーズです。昔のゲームの復活の呪文のようなものと考えればよいでしょう。「バックアップフレーズ」と呼ばれることもあります。

このニーモニックフレーズを失ったり他人に漏らしたりすると、アカウントのコントロール権を奪われ、資産が失われることと同義になるので、取り扱いには十分に留意してください。また、そのような事態を避けるための注意点が、後述のコラム「ニーモニックフレーズの取り扱いについて」にまとめてあります。参照の上、安全・確実にニーモニックフレーズを管理してください。

●ニーモニックの生成

ニーモニックが十分にランダムに生成されるように、マウスカーソルをグルグル動かします。マウスを動かすとパーセンテージが上がっていきます。

画像ではわかりにくい場合は動画を参照してください。

● 図1-6　ニーモニックの生成

パーセンテージが100%になって完了すると自動的に画面が切り替わり、図1-7のような画面になります。

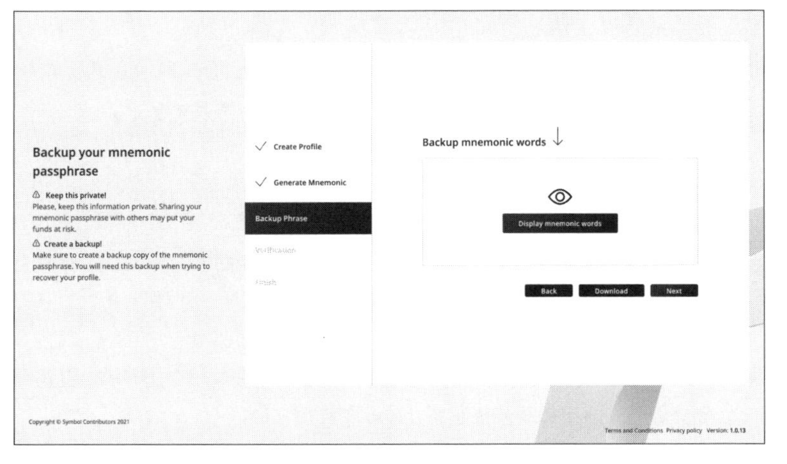

● 図1-7　ニーモニックの生成完了

1-3-4　ニーモニックフレーズの保存

［Next］ボタンを押して、ニーモニックフレーズを保存します。

また、［Display mnemonic words］ボタンを押すと、図1-8のような画面になります。

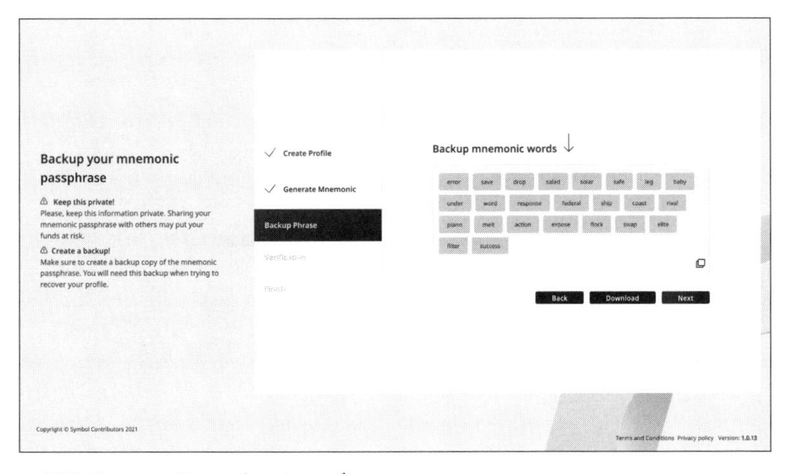

● 図1-8　ニーモニックフレーズ

画面に表示されている「mnemonic words」をメモしたり画面印刷したりなど、ニーモニックフレーズを保存してください。なお、後述のコラムで解説しているように、手軽にスクリーンショットを撮って保存することは危険なので、アナログな手段や安全な方法で残すことをお勧めします。また、[Download] ボタンを押すと、ペーパーウォレットとして、アドレスとニーモニックの情報が記載されたPDFファイルがダウンロードできます。

I Information

この画面を使用すると他の人のデスクトップウォレットでもニーモニックを復元できてしまいます。したがって、ここでスクリーンショットをキャプチャして保存することは非常に危険なので、基本的には行わないでください。試しに図1-8の情報を使って、本書の解説で利用しているニーモニックが実際に復元できることを体験し、流出の危険性を感じてみてください。

1-3-5 ニーモニックの認証

先ほどのニーモニックキーワードを順番通りに入力（クリック）していくと、認証が完了です。また、テストネットではスキップできます。

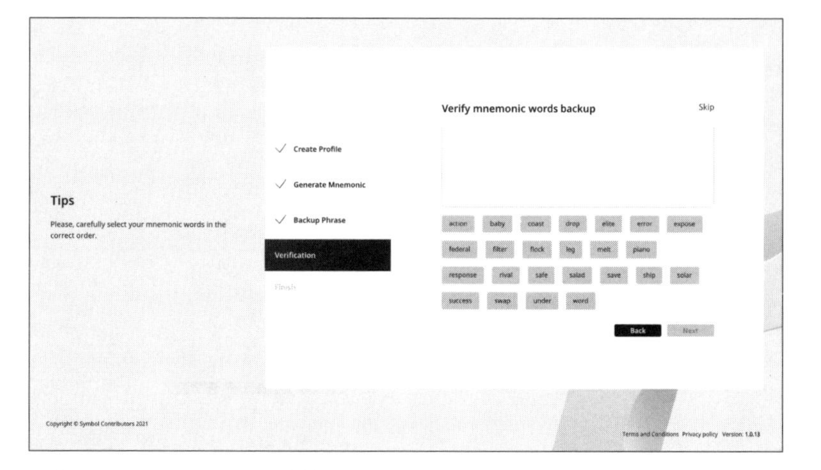

● 図1-9　ニーモニックの認証

1-3-6 完了

利用規約（Terms and Conditions）とプライバシーポリシー（Privacy policy）のリンクをクリックして内容を確認し、[I accept Terms and Conditions & Privacy policy.] のチェックボックスをチェックして、[Finish] ボタンを押します。

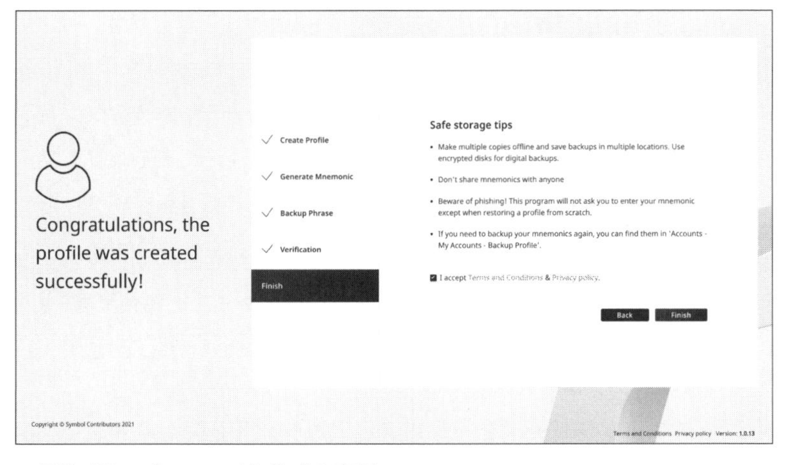

● 図1-10　プロファイル作成の完了

1-3-7　アカウントの確認

図1-11のように、アカウントの作成が完了していることが確認できます。

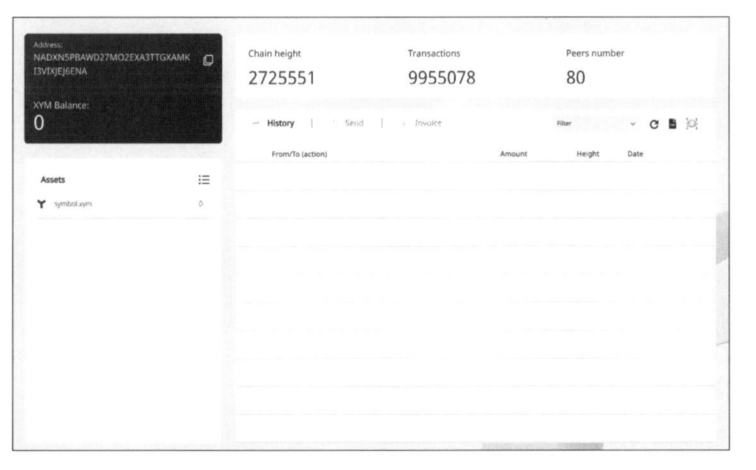

● 図1-11　アカウントの確認

Column ニーモニックフレーズの取り扱いについて

ニーモニックフレーズは、Symbolブロックチェーンのアカウントを他の端末やウォレットに引き継ぐ際に利用します。ニーモニックフレーズの取り扱いを間違えると、アカウント内にある資産を紛失したり盗難されたりする恐れがあるため、慎重に扱う必要があります。

ニーモニックフレーズの取り扱いは、次のようなことに注意します。

- ニーモニックフレーズを紛失しない
  ニーモニックフレーズを紛失するとアカウントを復元できなくなり、資産を失うことになります。

- ニーモニックフレーズを他人と共有しない
  信頼できる家族や友人であっても、ニーモニックフレーズを共有することにはリスクが伴います。漏洩した場合、アカウントが不正利用される可能性があります。

- ニーモニックフレーズは、クラウドストレージやPC、スマートフォンに保存しない
  クラウドストレージやPC、スマートフォンに保存されたニーモニックフレーズは、ハッカーに狙われたりマルウェアによって盗まれるリスクがあります。特に、大量の資産があるといった重要なアカウントの場合は気を付けてください。

- 重要なニーモニックフレーズは書面で保管して、安全な場所に分散して保管する
  火災や水損などのリスクを考慮し、防水・耐火性の金庫やセーフボックスに保管することを検討してください。また、複数の場所に分散して保管することも検討してください。そうすれば、一部が失われたり破損したりした場合でも、他の場所からニーモニックフレーズを回復できます。

- ニーモニックフレーズのバックアップは、定期的に読み取れる状態にあることを確認する

  たとえば、書かれた紙が劣化して読み取れなくなるといった可能性もあるので、適切な状態を維持することが重要です。

- ニーモニックフレーズの暗号化を検討する

  パスフレーズを直接記述するのではなく、パスワード管理ツールや暗号化アプリケーションを使えば、より安全に保存できます。ただし、その暗号化パスワードも同様に安全に保管する必要があります。また、その復元の際には、信頼性の高いアプリケーションやサービスを使用してください。

- 家族や信頼できる人に、緊急時の対処法を伝えておく

  自分自身が何らかの事情でアクセスできなくなったなどの緊急事態に対処できる方法を検討してください。その際、パスフレーズ自体を直接共有するのではなく、安全な方法で指示を伝えるようにしてください。

- ニーモニックフレーズの重要性を常に認識し、自分自身を徹底的に保護する

  これらの注意点を守り、ニーモニックフレーズを適切に管理することで、Symbolブロックチェーン上の資産を安全に保護できます。

1-3-8 ウォレットの日本語化

右上の［Settings］を選択します。

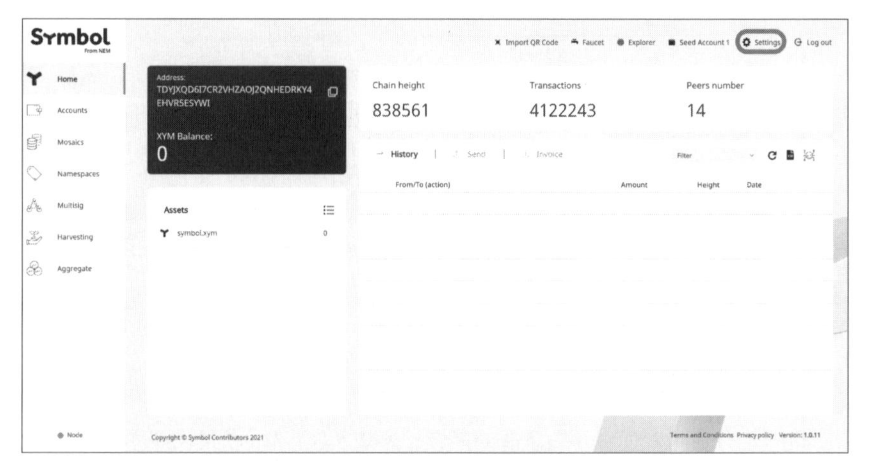

● 図1-12 ［Settings］を選択

左側の［General settings］が選択されていることを確認し、画面中央の［Preferred Language:］で［日本語］を選択して［Confirm］ボタンを押すと日本語に変更できます。

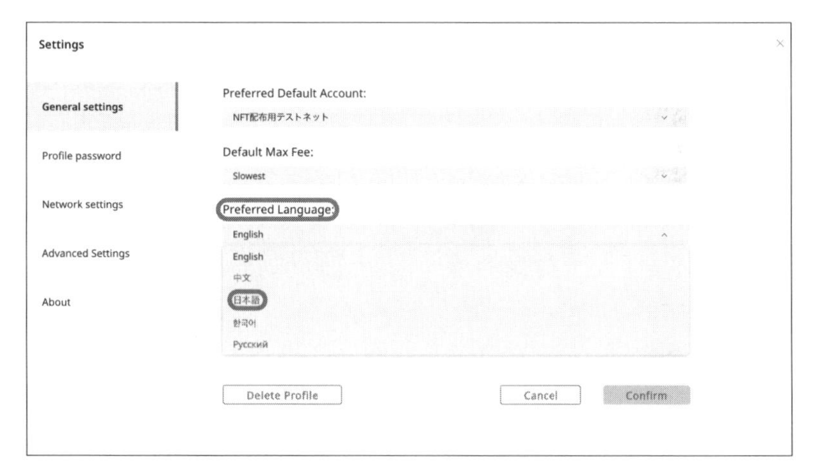

● 図1-13 ［日本語］を選択

1-4 フォーセットからテストネット用の通貨を準備

1-4-1 フォーセットについて

Symbolブロックチェーンでは、開発者やユーザーがプラットフォームの機能を試すために、テストネットを提供しています。このテストネット内には**フォーセット**というテスト用の通貨を提供するサービスが設けられています。フォーセットを活用すると、リアルな通貨を使用せずにSymbolブロックチェーンの各種機能を試すことが可能になります。

フォーセットは、デスクトップウォレットから直接アクセスし、取得します。これにより、スムーズかつ効率的にテストネットワークを活用することが可能になります。

では、デスクトップウォレットからフォーセットを取得してみましょう。まずは、デスクトップウォレットの上部の［フォーセット］をクリックします。

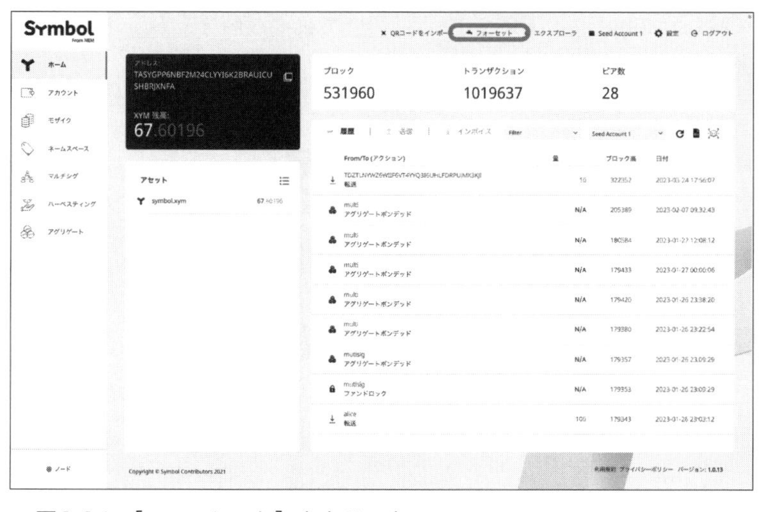

● 図1-14 ［フォーセット］をクリック

図1-15のように設定されるので、フォーセットページよりX（旧Twitter）アカウントでログインします。

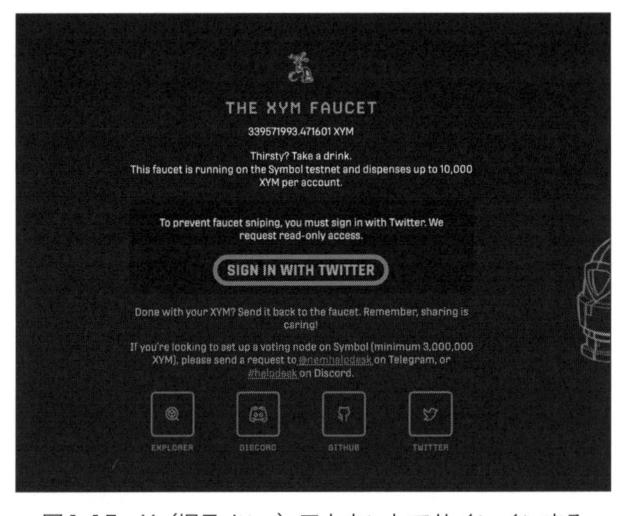

● 図1-15　X（旧Twitter）アカウントでサインインする

```
https://testnet.symbol.tools/?recipient=TASYGPP6NBF2M24CLYYI6K2B
RAUICUSHBRJXNFA
```

Recipientにウォレットで指定していたアカウントアドレスが自動で代入されます。XYM Amountに2,000～10,000の間で必要な値を入力し、[CRAIM]ボタンを押すと入金用のトランザクションが発生します。

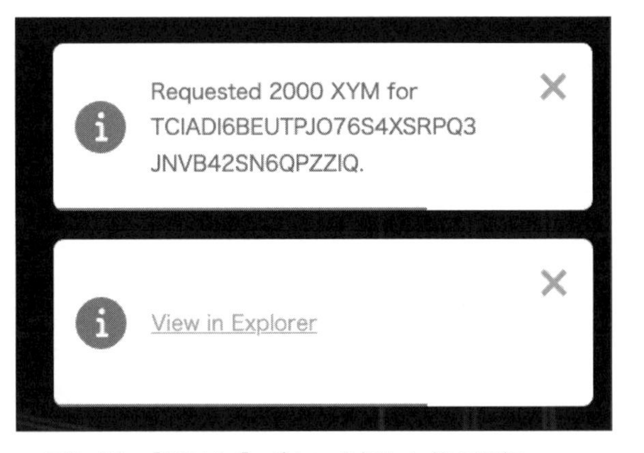

● 図1-16　[CRAIM] ボタンを押した後の通知

● 図1-17　連続して［CRAIM］ボタンを押すとエラーになる

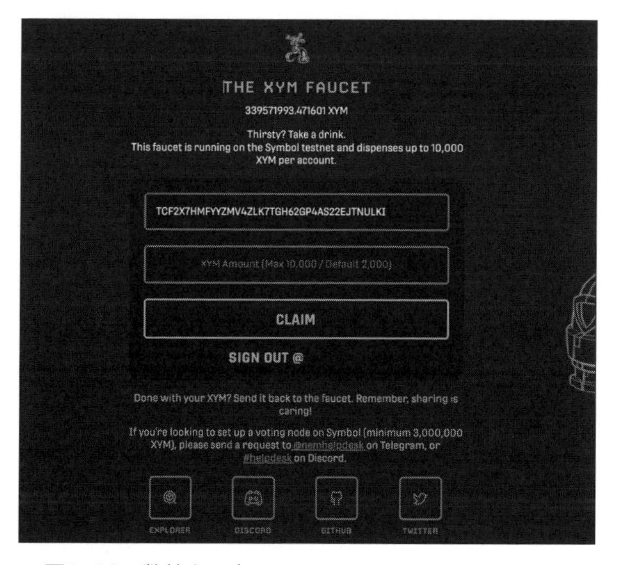

● 図1-18　数値を入力

1-4-2 取得の際の注意点

フォーセットの利用時には、次の事項を念頭に置くことが重要です。

・テストネットの性質

あくまでもテスト用であり、実際の通貨取引を行う場ではありません。したがって、テストネットでの行動が現実の取引やマーケットに影響を及ぼさないことを認識しておいてください。

・数量制限

フォーセットからのXYM取得数量には上限があります。使う予定がなくなった場合、他のユーザーのためにフォーセットに戻すことを検討してください。

・ノード運営のボランティア性

テストネットのノードはボランティアによって運営されているため、ノードが停止したり、ネットワークが不安定になったりする可能性があります。これらは予告なく発生する可能性があるため、その点を理解した上でテストネットを利用してください。

1-5 トランザクションの作成

ここでは、送金トランザクションを行うために、テストネットに別のアカウントを作成します。新しく作ったアカウントに対してテスト用のXYMを送って、トランザクションの内容を確認してみます。

1-5-1 テストネットにアカウントを追加作成する

●テストアカウントの作成

まずは、「テストアカウント１」と「テストアカウント２」という2つのアカウントを用意します。

・アカウントの名前変更

デフォルトで作成されているアカウントの名前を変更し、「テストアカウント1」という名前に変更します。まずは、左のメニューからアカウントを選択します。

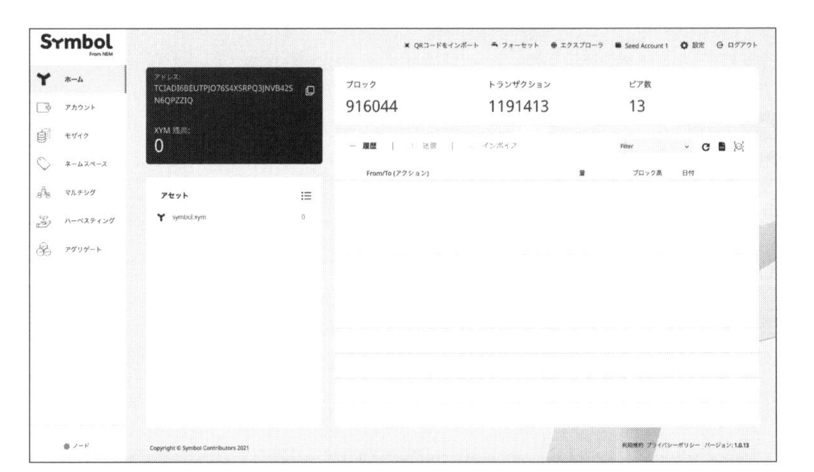

● 図1-19　変更するアカウントを選択

名前の右にあるペンのアイコンをクリックします。

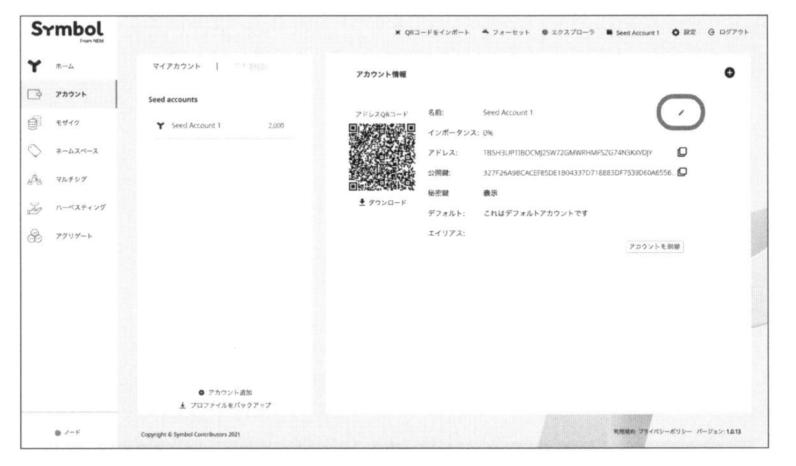

● 図1-20　変更するアカウントを選択

新しいアカウント名に「テストアカウント1」と入力し、[確認] ボタンを押します。

● 図1-21　新しいアカウント名を入力

プロファイルで指定したパスワードを入力し、［確認］ボタンを押します。

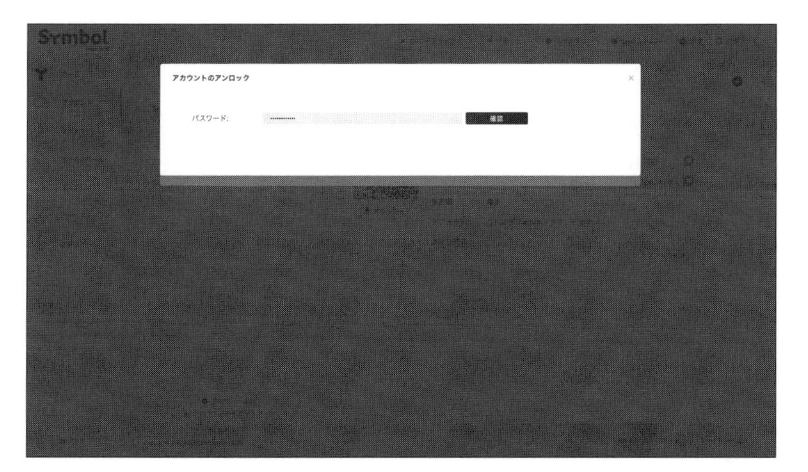

● 図1-22　パスワードを入力

名前が「テストアカウント1」になっていることがわかります。

● 図1-23　名前が変更された

・新規アカウントの追加

続いて、「マイアカウントパネル」の下にある［アカウント追加］をクリックします。

● 図1-24　新規アカウントの追加

新しいアカウント名として「テストアカウント2」を入力し、パスワードを入力して［確認］ボタンを押します。

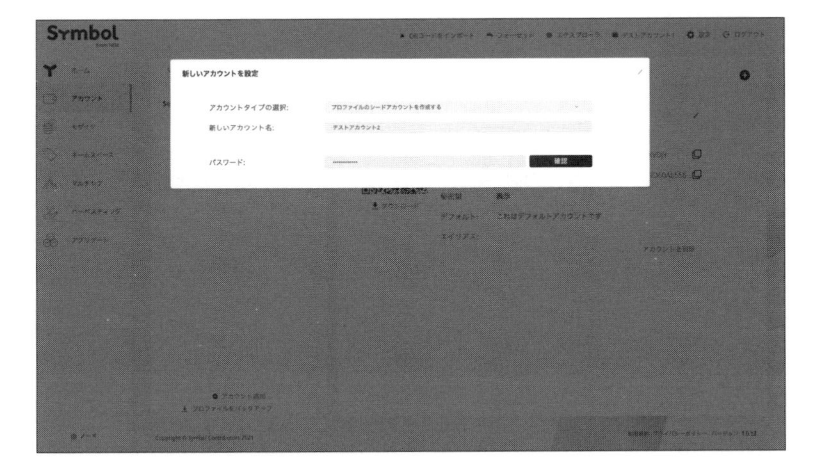

● 図1-25　アカウント名とパスワードを入力

「テストアカウント2」が作成されたことを確認できます。

● 図1-26　変更されたアカウントと新規アカウントの確認

アカウント操作の準備

「テストアカウント1」から「テストアカウント2」に送金するために、「テストアカウント1」のアカウントでトランザクションを作成します。

まずはアカウントを操作できるようにします。アカウントの操作を実施するには、複数あるアカウントのうち、現在どのアカウントが選択されているのかを確認します。左側のアイコンに色が付いているアカウントが、現在選択されている状態です。

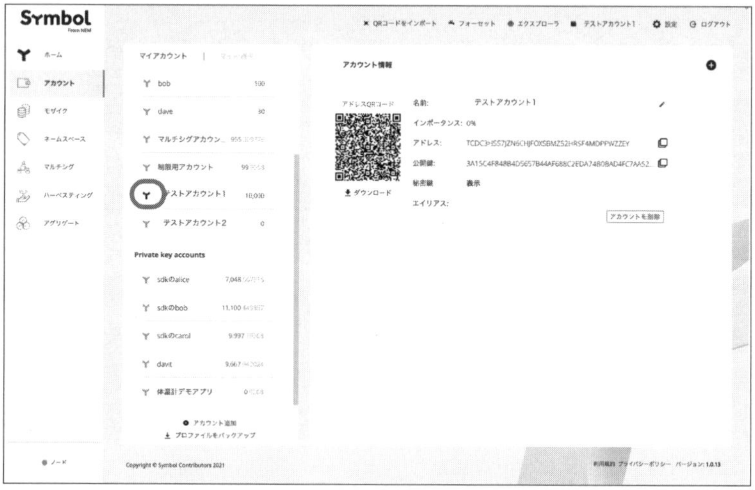

● 図1-27 アカウントの選択

この状態のまま［ホーム］をクリックすると、図1-28のような画面になります。

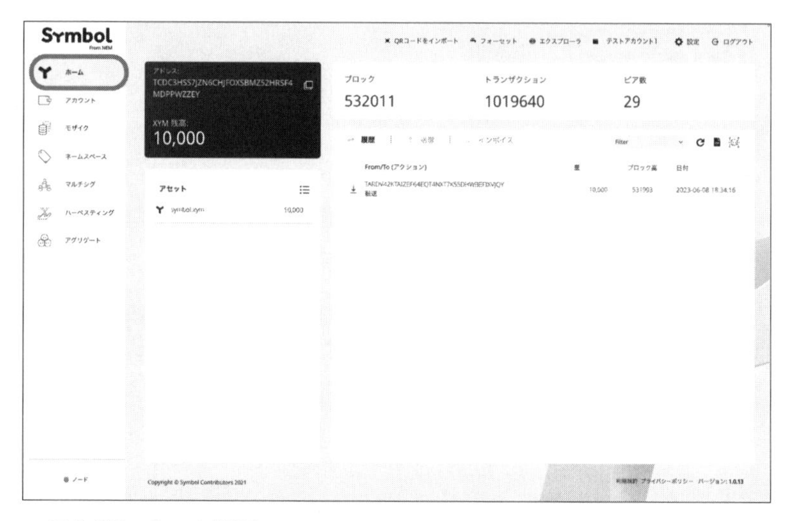

● 図1-28 ホーム画面

この画面で、アカウントの操作ができます。

1
2
3
4
5
6
7
8
付録

1-5-2 トランザクションを実行する

トランザクションとは、ブロックチェーン上での処理のことで、さまざまな種類のトランザクションが存在します。ここでは、XYMを送金するために、トランスファートランザクションを実行してみましょう。

●トランザクションの実行

トランザクションを作成するには、トランザクションの種類を選択し、送金先のアドレスと送金する量を入力します。最後にパスワードを入力して送金を実行するとトランザクションが作成され、秘密鍵で署名を行い、テストネットにアナウンスされます。しばらく時間が経過するとトランザクションが承認され、転送されたことが確認できます。

では、実行してみましょう。ホーム画面の［送信］をクリックすると、図1-29のような画面になります。

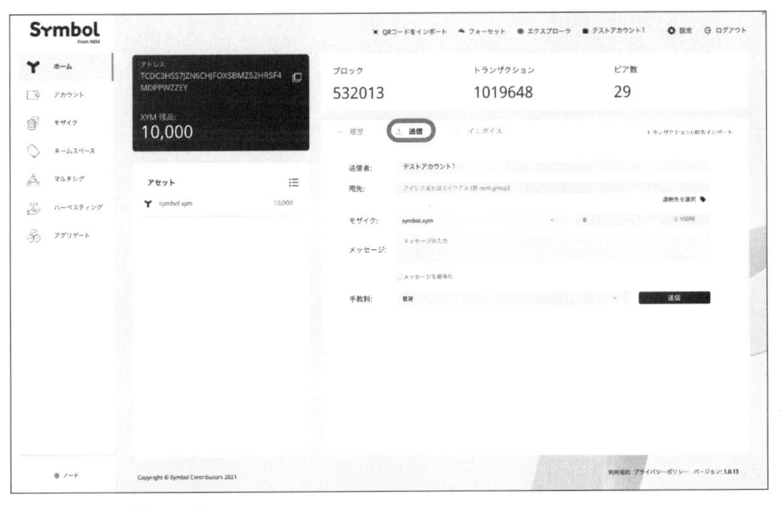

● 図1-29　送信画面

［宛先］に、先ほど作成した「テストアカウント2」のアドレスを入力します。

Hint

［宛先］に入力するアドレスは、メニューからアカウントを選択して、先ほど作成した「テストアカウント2」をクリックし、アドレスの右側にあるコピーアイコンをクリックするとコピーできます。

● アドレスのコピー

送信画面で、別途コピーしたアドレスを貼り付けます。

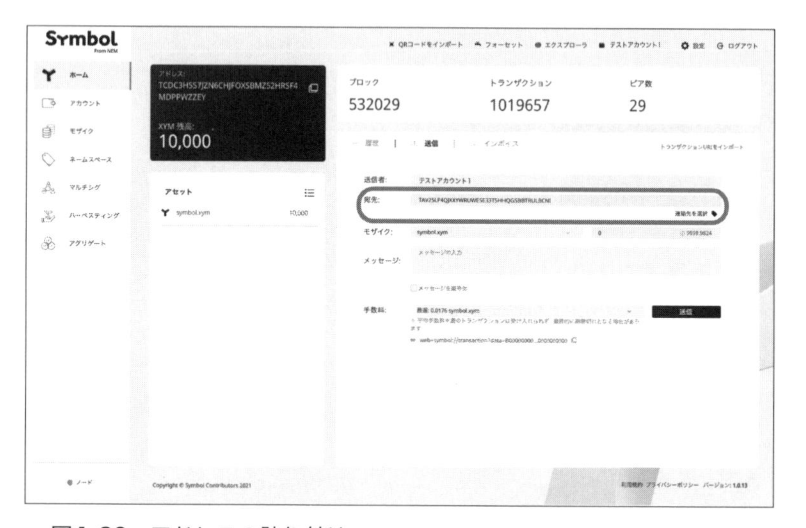

● 図1-30　アドレスの貼り付け

モザイクの選択

モザイクを選択します。今回はテストネットなので、モザイクは［symbol.xym］を選択します。「モザイク」とは、Symbolブロックチェーンにおける、いわゆる「トークン」のことです。

そして、数値を入力します。ここでは「100」を入力します。メッセージを入力するかどうかは任意です。手数料は選択できるので、まずは「早い」を選択しましょう。手数料を多く支払うことで、トランザクションが早く承認されます。

ここでは、図1-31のように設定しました。

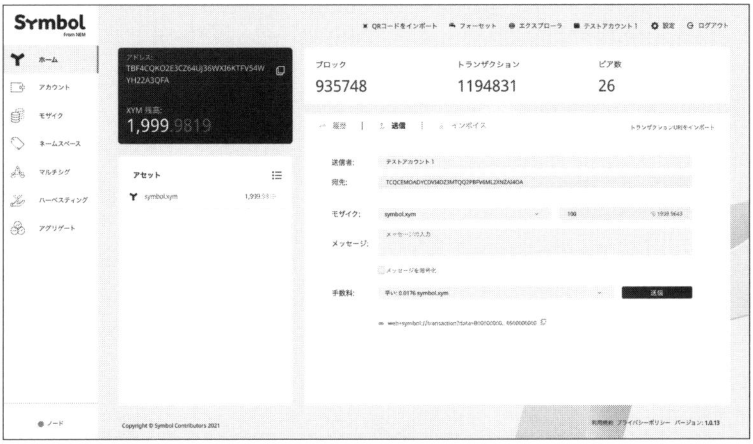

● 図1-31　送信内容

［送信］ボタンを押して確認画面に進みます。

● 図1-32　送信画面

最後に、プロファイルの作成時に設定したパスワードを入力します。

● 図1-33 パスワード入力

1-5-3 受け取りアカウントでのトランザクションの確認

ブロックチェーンは、複数のトランザクションを1つにまとめて「ブロック」というデータの集合体を作成し、それを数珠つなぎにして保存します。つまり、このことが「ブロックチェーン」と呼ばれる由来になっています。

では、トランザクションが実行されたことを確認してみましょう。

Symbolブロックチェーンでは、約30秒に1度、ブロックが生成されます。そのため、ある程度の時間が経過するとトランザクションが承認されます。

まずはアカウントを切り替えます。先ほど作成した「テストアカウント2」を選択します。

● 図1-34 アカウントの選択

次に［ホーム］をクリックします。［履歴］のところに、先ほど作成したトランザクションが承認されている状態が確認できるはずです。

● 図1-35　トランザクションの確認

［トランザクション］をクリックすると、詳細が確認できます。

トランザクション詳細

タイプ:	転送
ステータス:	承認済
ハッシュ:	015EA748BFC1F33CE55A5EE2A99ECAEE708FFF7892FE8CD87714C93041214E08
支払手数料:	0.748032 (XYM)
ブロック高:	532045
期限:	2023-06-08 21:00:07.970
Signer:	TCDC3HSS7JZN6CHJFOXSBMZ52HRSF4MDPPWZZEY
署名者公開鍵:	3A15C4F848B4D5657B44AF688C2EDA74B0BAD4FC7AA528CAFBE0715872E97BA0
署名:	3BBAEEEC46D624ED8344D18AEF08AA1B2B7EC4B9BDFF1A5F62440ACEBE230A0068BAA520A9ABD6B5B03E95D80BC7F8F2835895783149A91E59ECEA76C29B7B0C
送信者:	TCDC3HSS7JZN6CHJFOXSBMZ52HRSF4MDPPWZZEY
宛先:	TAV25LP4QJXXYWRUWE5E33T5HHQG5BBTRULBCNI
モザイク (1/1):	100 (XYM)
メッセージ:	テスト送信

● 図1-36　トランザクションの詳細

1-6 Symbolエクスプローラーでのトランザクションの確認

1-6-1 Symbolエクスプローラーにアクセス

最後に、作成したトランザクションの内容を確認してみましょう。

Symbolブロックチェーンの状態を可視化するWebツールとして「Symbolエクスプローラー」を利用します。[トランザクション詳細] に表示されている [ハッシュ] の値をクリックします。

トランザクション詳細

タイプ:	転送
ステータス:	承認済
ハッシュ:	015EA748BFC1F33CE55A5EE2A99ECAEE708FFF7892FE8CD87714C93041214E08
支払手数料:	0.743032 (XYM)
ブロック高:	532045
期限:	2023-06-08 21:00:07.970
Signer:	TCDC3HSS7JZN6CHJFOXSBMZ52HRSF4MDPPWZZEY
署名者公開鍵:	3A15C4F848B4D5657B44AF688C2EDA74B0BAD4FC7AA528CAFBE0715872E97BA0
署名:	3BBAEEEC46D624ED8344D18AEF08AA1B2B7EC4B9BDFF1A5F62440ACEBE230A0068BAA520A9ABD6B5B03E95D80BC7F8F2835895783149A91E59ECEA76C29B7B0C
送信者:	TCDC3HSS7JZN6CHJFOXSBMZ52HRSF4MDPPWZZEY
宛先:	TAV25LP4QJXXYWRUWE5E33T5HHQGSBBTRULBCNI
モザイク (1/1):	100 (XYM)
メッセージ:	テスト送信

● 図1-37　ハッシュのクリック

ここに記載があるハッシュとは、トランザクションを識別するユニークな文字列であり、トランザクション1つに対して1つのハッシュ値が指定されます。処理番号とイメージするとわかりやすいかもしれません。このハッシュ値で、トランザクションを検索することが可能です。

Symbolエクスプローラーのサイトに移動します。

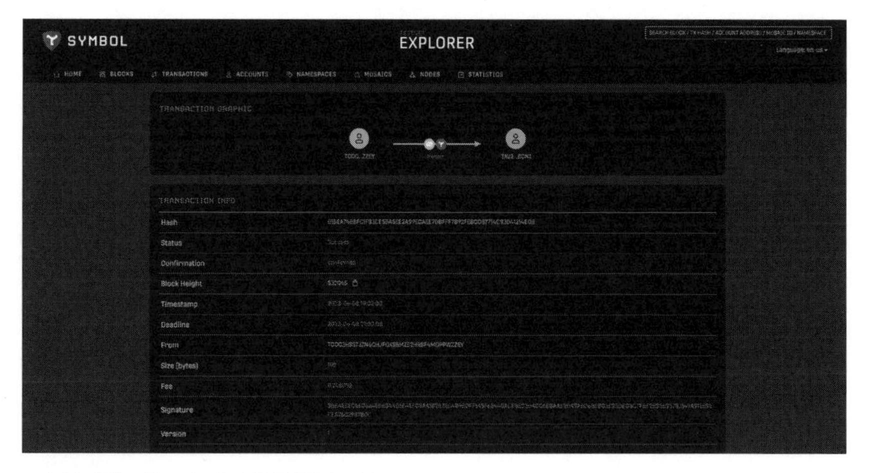

● 図1-38　Symbolエクスプローラー

ここではブロックチェーン上に記録されたものが表示されます。

トランザクションハッシュは生成されているものの、Symbolエクスプローラーで確認したところ表示がされていない場合は、ブロックチェーンに反映されていないということになります。

このように、Symbolエクスプローラーを使用して動作確認していくことが、ブロックチェーンアプリケーション開発において非常に重要です。

1-6-2 トランザクション内容の可視化

Symbolエクスプローラーでは、図1-39のように、トランザクションの内容が可視化されます。

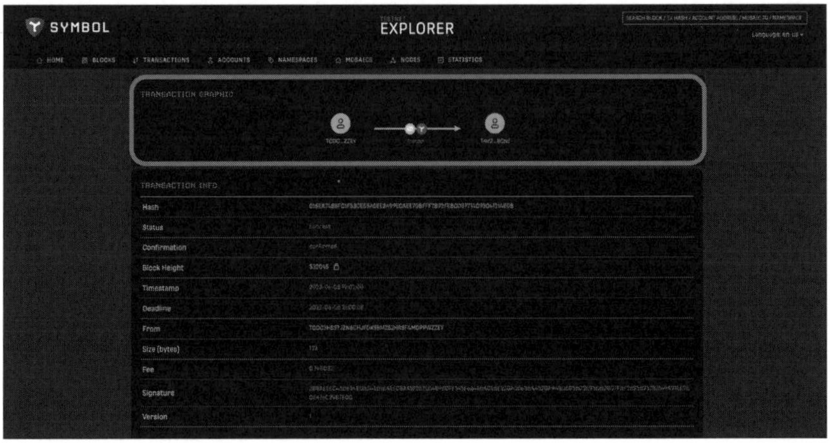

● 図1-39 トランザクションの可視化（Transaction Graphic）

トランザクションは「Aが、Bのアドレスに対して送信する」というのが基本の形です。「AからB」という基本形は、Symbolブロックチェーンに限らず、他のブロックチェーンでも同じです。ブロックチェーンのアプリケーションを構築する際は、必ずこの構図を意識してください。

1-6-3 トランザクションの詳細

それでは、トランザクションの詳細を確認してみましょう。

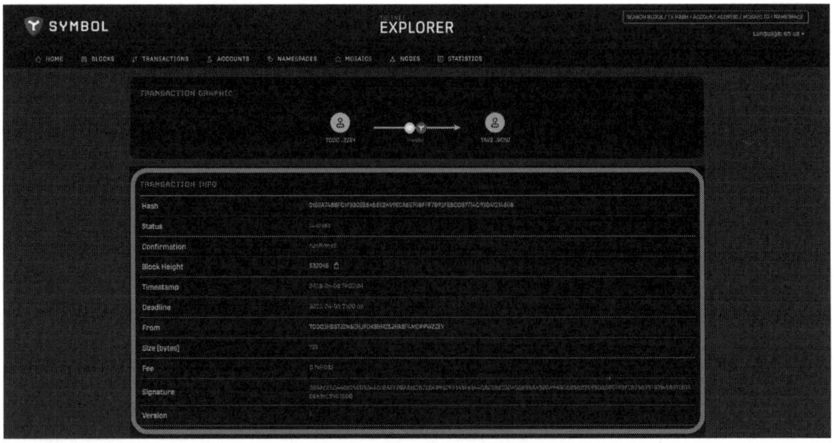

● 図1-40 トランザクションの詳細（Transaction Info）

トランザクションには多くの情報が書き込まれており、トランザクションのハッシュ値、状態、承認済みかどうか、ブロック高、タイムスタンプ、デッドライン、誰から送られてきたのかなど、さまざまな情報で構成されています。

ブロックチェーンのアプリケーション構築の際に、特に気を付けておくべき項目は「Status」「Confirmation」の2つです。ブロックチェーンのアプリケーションではブロックチェーンの研究ではなく、日々の生活に役立つアプリケーションを作ることが重要なので、トランザクションの状態やトランザクションが承認されているのかといった情報が、とりわけ重要なのです。

1-6-4 ハッシュからの検索方法

デスクトップウォレットの場合は、トランザクションのハッシュをクリックすると確認できます。

● 図1-41　ハッシュの確認（再掲）

Symbolエクスプローラーでハッシュから検索するには、サイトにアクセスして右上の検索フォームにハッシュ値を入力します。

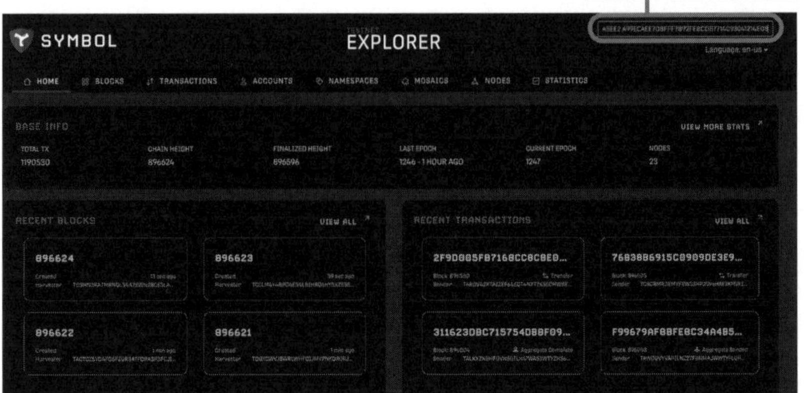

● 図1-42　入力するハッシュ値

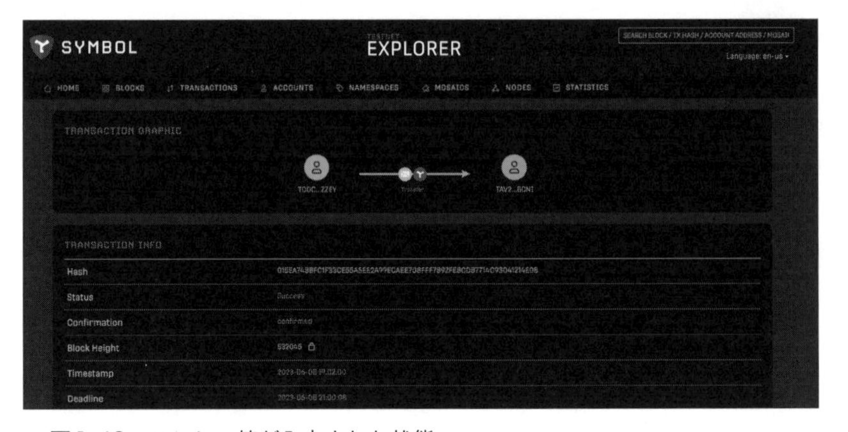

● 図1-43　ハッシュ値が入力された状態

また、サイトURLを直接入力しても確認できます。

```
https://testnet.symbol.fyi/transactions/015EA748BFC1F33CE55A5EE2
A99ECAEE708FFF7892FE8CD87714C93041214E08
```

1-6-5　アドレスからの検索方法

Symbolエクスプローラーでアドレスから検索するには、サイトにアクセスして右上の検索フォームにアドレスを入力します。

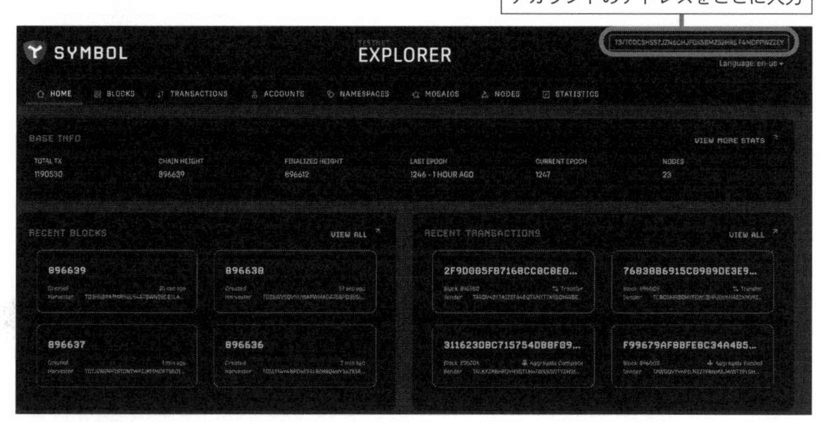

● 図1-44　アカウントのアドレスを入力

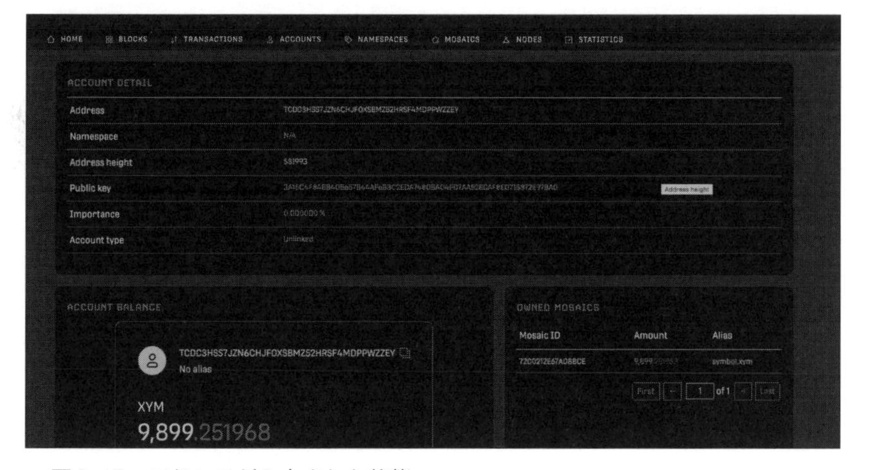

● 図1-45　アドレスが入力された状態

また、サイトURLを直接入力して確認できます

```
https://testnet.symbol.fyi/accounts/TCDC3HSS7JZN6CHJFOXSBMZ52HRS
F4MDPPWZZEY
```

第2章

Symbolブロックチェーン Webアプリケーション実装：基礎

凧が一番高く上がるのは、風に向かっているときである。
風に流されているときではない。

— ウィンストン・チャーチル（イギリスの政治家）

本章では、実際にコードを入力し実行してみることで、ブロックチェーンがどのような動きをしているのか、Symbolではどのような機能を扱えるのかを理解していきます。かなりボリュームがあるのですが、ここがクリアできればどんなアプリケーションも作れるようになるので、がんばりましょう。

2-1 Symbol SDK

2-1-1 Symbolブロックチェーンを扱うために必要なもの

Symbolブロックチェーンアプリケーションを構築するためには、次の2つが必要です。

・アカウント
・ノード

アカウントは自分たちで用意するか、アプリケーション側が用意するものを利用します。ここでは、自分たちで用意します。アカウントを用意できたら、**ノード**と呼ばれるサーバにアクセスして、ブロックチェーンに情報を書き込んでいきます。

今回は「アカウントを作成する」「アカウントの情報を取得する」という2つを実行します。

2-1-2 アカウントの作成

アカウントを作成するには、Symbol SDKの`Account`クラスを使用します。ローカル環境下で作成したアカウントの情報は、`RepositoryFactoryHttp`のインスタンスを用いてノードへ送信します。

そうすると、ノードが生成したアカウントの情報を返すので、それを確認します。

●ファイルの生成と実行方法

まずは、`accountGenerate.ts`というファイルを作成します。ファイル名は、実行したい動きに合わせることをお勧めします。つまり、ここではアカウントの生成を行うので、**accountGenerate.ts**としています。第1章で作成した作業用ディレクトリ**symbol-sdk-example**に移動し、次のようにして**accountGenerate.ts**を作成します。このディレクトリ内で必要なモジュールをインポートしているため、別のディレクトリではコードを実行できません。今後の作業は全て**symbol-sdk-example**ディレクトリで行います。なお、本書では**touch**コマンドを使って空のファイルを作成していますが、**echo**コマンドを使ったり、エディタで新規ファイルを作成して**symbol-sdk-example**ディレクトリに対象のファイルを保存するといった方法でも構いません。自分の好みにあった方法でファイルを作成し、記載のコードを入力して保存してください（それぞれ、完全なソースコードをダウンロードすることもできます）。

```
symbol-sdk-example$ touch accountGenerate.ts
```

Column　ファイルの命名則

ファイルの命名則として多くのメソッドが知られていますが、筆者の場合は「何を実施するロジックなのか」がファイル名で理解できることを意識しています。とはいえ、逐一、適切な名前を考えるのはとても大変なので、検証の際には仮の名前にしておき、本番でファイル名を変更するという方法を採っています。

●コード解説

Symbolブロックチェーンでは、URLにパラメータを渡してネットワークにリクエストを通信することで情報を操作します。ここでは、アカウントを生成するために必要な情報をノードから取得してから、アカウントを生成します。

symbol-sdkでは、ノードに接続して通信を行う各種モジュールが**RepositoryFactoryHttp**にまとめられています。

アカウントを生成するには**Account**クラスを使用します。アカウントの生成やその他アカウント関連の操作を行うためのクラスです。

ブロックチェーンのアプリケーションを扱うためには、実行するためのクラスの使い方と、ブロックチェーンにアクセスするための「作法」を知っておく必要があります。

1 2 3 4 5 6 7 8 付録

次のコードを**accountGenerate.ts**として作成します。なお、次に示すURLで完全なソースコードを公開しているので、必要に応じて参照してください。

https://github.com/symbol-books/symbol-basic/blob/main/chapter1/accountGenerate.ts

```
import { RepositoryFactoryHttp, Account } from "symbol-sdk";
import { firstValueFrom } from 'rxjs';

const example = async (): Promise<void> => { // ——①
const nodeUrl = "http://sym-test-01.opening-line.jp:3000"; // ——②
const repositoryFactory = new RepositoryFactoryHttp(nodeUrl);
const networkType = await firstValueFrom(repositoryFactory.getNetwork
Type());
const alice = Account.generateNewAccount(networkType); // ——③
  console.dir(alice,{depth: null}); // ——④
  console.log(`address: ${alice.address.plain()}`);
  console.log(`publicKey ${alice.publicKey}`);
  console.log(`privateKey ${alice.privateKey}`);
};
example().then(); // ——⑤
```

Information

SymbolSDKでは、非同期なデータは**observable**という形でデータを受け取ることが多いのですが、これを一旦Promise型に変換する必要があります。**toPromise**という関数がありましたが、現在では非推奨になっているので、ここでは代わりに**firstValueFrom**関数を利用しています。

①では、非同期関数**example**を定義しています。この関数は非同期的な処理を行い、結果として**Promise<void>**を返します。ここで非同期処理を行っているのは、ノードに接続し、その結果として返ってきたデータに基づいて処理をする必要があるからです。

②では、**nodeUrl**定数にSymbolブロックチェーンのノードURLをセットしています。そして、**nodeUrl**を引数として**RepositoryFactoryHttp**インスタンスを作成します。このインスタンスを使って、Symbolブロックチェーンの

ネットワークの情報を取得します。

③では、AccountクラスのgenerateNewAccountメソッドを使用して、新しいアカウントを生成します。このメソッドはnetworkTypeを引数に取り、そのネットワークタイプに適した新しいアカウントを生成します。

④では、生成したアカウント（alice）の詳細情報（全体の情報、アドレス、プライベートキー、公開鍵）をコンソールに出力します。

最後に、定義した非同期関数exampleを実行しています（⑤）。この関数はPromiseを返すため、then()メソッドを使って、非同期処理が完了した後の処理を記載します。ここでは特に処理を指定していないのでthen()メソッドは何も行いませんが、処理が完了した後に行うべき処理を、必要に応じてthen()メソッドの引数として指定できます。

2-1-3 ソースコードと実行結果

このスクリプトを実行するには、次のようにts-nodeの引数として実行ファイルを指定します。

```
symbol-sdk-example$ ts-node accountGenerate.ts
Account {
  address: Address {
    address: 'TDNDCUAJBGWMXBHJGYCJIHBP6YT5USF4KGYXZUA',
    networkType: 152
  },
  keyPair: {
    privateKey: Uint8Array(32) [
       51, 166,  47, 218,  67, 113, 205,   8,
      212, 235, 101, 164,  90,  33, 123, 250,
       69, 221,  71, 177, 210,  12, 196,  55,
      101, 228, 105, 220, 135, 246, 149,  78
    ],
    publicKey: Uint8Array(32) [
      208, 123, 248, 182, 172, 100,  62, 50,
      176,  94,  99,   2, 207, 201, 122,  4,
       95, 231, 156, 195, 194,  26,  16, 18,
      207, 129, 207, 130, 129, 228,  54, 59
    ]
  }
}
```

```
address: TDNDCUAJBGWMXBHJGYCJIHBP6YT5USF4KGYXZUA
publicKey D07BF8B6AC643E32B05E6302CFC97A045FE79CC3C21A1012CF81CXXXX
privateKey
33A62FDA4371CD08D4EB65A45A217BFA45DD47B1D20CC43765E469DC87XXXX
```

2-1-4 デスクトップウォレットでのアカウントのインポート

「2-1-3　ソースコードと実行結果」で作成したアカウントをデスクトップウォレットにインポートしておきます。

デスクトップウォレットの左のメニューから［アカウント］を選択し、中央パネルの下部にある［アカウント追加］をクリックします。［アカウントタイプの選択］は「既存アカウントに秘密鍵をインポート」を選択し、［新しいアカウント名］に「alice」を、［秘密鍵を入力してください］には先ほどコンソール画面に表示された**privateKey**をコピーして貼り付けて、最後にパスワードを入力して［確認］ボタンを押します。

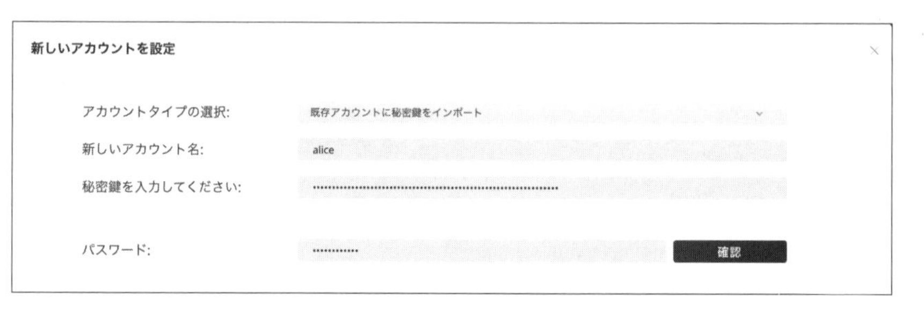

● 図2-1　新しいアカウントを設定

バックアップに関する注意喚起が表示されるので、［理解した］ボタンを押します。

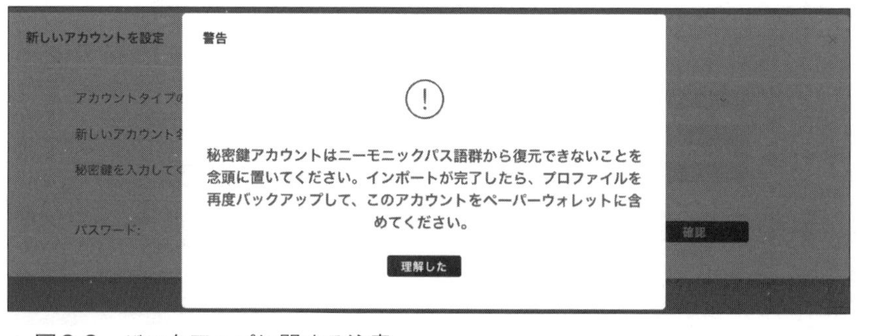

● 図2-2　バックアップに関する注意

秘密鍵から「alice」というアカウントがインポートできたことが確認できます。

● 図2-3　aliceアカウントのインポート成功

次に、デスクトップ上部にある［フォーセット］をクリックします。

ログイン画面になるので、X（旧Twitter）アカウントでログインし、CLAIMをクリックします（デフォルトで2,000xymが入金される）。

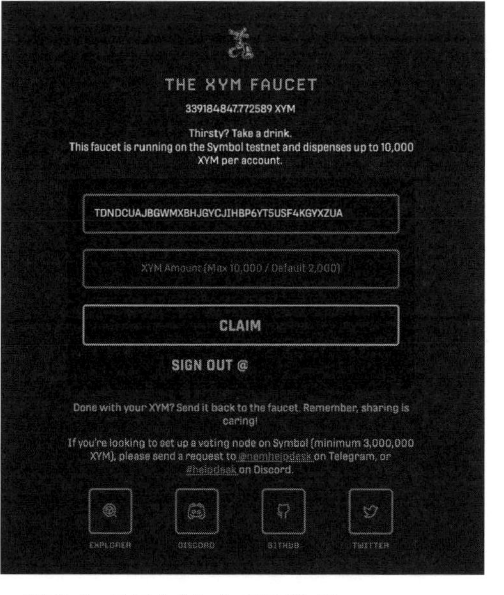

● 図2-4　Xアカウントでログイン

デスクトップウォレットに戻ると、aliceアカウントに2,000xymが入金されたことが確認できます。

● 図2-5　aliceに2,000xymが入金されている

2-1-5 アカウントの情報を取得する

次に、アカウントの情報をノードに問い合わせて取得する方法を説明します。まずはファイルを作成します。

```
symbol-sdk-example$ touch accountInfo.ts
```

次のコードを**accountInfo.ts**として作成します。

```
import {
  RepositoryFactoryHttp,
  Address,
} from "symbol-sdk"; // ——①
const AliceAddress = "TDNDCUAJBGWMXBHJGYCJIHBP6YT5USF4KGYXZUA"; // ——②

const example = async (): Promise<void> => {
  // Network information
  const nodeUrl = "http://sym-test-01.opening-line.jp:3000";
  const repositoryFactory = new RepositoryFactoryHttp(nodeUrl);
```

```
  const accountHttp = repositoryFactory.createAccountRepository(); // ─┐
  const alice = Address.createFromRawAddress(AliceAddress); // ┐  ③─┘
  accountHttp.getAccountInfo(alice).subscribe( // ──⑤     ④┘
    (accountInfo) => {
      accountInfo.mosaics.forEach((mosaic) => {
        console.log("id:" + mosaic.id.toHex()); //16進数
        console.log("amount:" + mosaic.amount.toString()); //文字列
      });
    },
    (err) => console.log(err)
  );
};
example().then();
```

アカウントの情報を取得するには、ネットワークにアクセスするリポジトリの生成とアドレスクラスを用います（①）。この部分は、アカウントを生成する際と同様のものを使用します。

②では、Aliceのアドレスを定数として設定しています。ここではアカウントを生成しただけなのでハードコーディングしていますが、秘密鍵や公開鍵から取得する方法などは後述します。その後、リポジトリの生成や、各種ネットワーク情報を取得します（同様に後述するので、ここでは省略します）。

③では、アカウントのリポジトリを作成します。これによりアカウント作成に関する情報を取得できます。

④では、先ほど設定した`AliceAddress`から、アドレスオブジェクトを作成します。ここで注意しなければならないのは、アドレスとアカウントは別物だということです。アドレスは、アカウントを構成する要素の1つです。

⑤では、アカウントリポジトリの中の`getAccountInfo()`というメソッドを使用して、Aliceのアカウントの情報を取得します。ここで実行している`subscribe()`は、RxJSで使用する非同期処理の1つで、`getAccountInfo()`の関数が実行完了してから次の処理を行うというものです。ここでは、まず実行結果を`accountInfo`という変数に格納し、ここに`account`が保有するモザイクの情報を取得しています。変数名は自由に設定できるので任意で構いませんが、どのデータを取得するのかが一目でわかるように`accountInfo`という変数名にしています。モザイクの情報はアカウントの情報の中に「配列形式」で格納されているため、`forEach`を使用して配列の中身を取得しています。

1 2 3 4 5 6 7 8 付録

Hint

情報が配列に格納されている場合、forEachで特定のモザイクのみを新たな変数へ格納するという方法がよく使われています。

この場合、たとえば特定のモザイクしか保有していないユーザーのためのサービスを使用するには、次のように組み立てることが可能です。

1. アカウントの情報を取得
2. モザイクの配列データをforEachで取得する
3. 特定のモザイクを保持していることを確認できるロジックを実行する
4. そのロジックの判定結果によって処理を変更する

なお、次に示すURLで、完全なソースコードを取得できます。

```
https://github.com/symbol-books/symbol-basic/blob/main/chapter1/
accountInfo.ts
```

Column さまざまなリポジトリ

RepositoryFactoryHttp(nodeUrl) は、Symbolブロックチェーン上のデータアクセスに必要なエンドポイントを提供するためのリポジトリ（クラスのインスタンス）を生成しています。この **repositoryFactory** インスタンスを使用してさまざまなリポジトリにアクセスし、Symbolブロックチェーン上のデータを検索したり取得したりできます。たとえば、トランザクション、アカウント、ネームスペース、モザイク（アセット）などのデータにアクセスするためのリポジトリを生成できます。

これは一種の抽象化であり、実際のデータストレージ（たとえば、データベース）はブロックチェーンノードによって管理されています。この抽象化により、データベースの具体的な実装について心配することなく、データにアクセスして操作できるわけです。具体的には、トランザクションの一覧を取得する場合は **createTransactionRepository()** を、アカウントの一覧を取得する場合は **createAccountRepository()** を使用します。

2-1-6 実行結果

完全なコードを実行した結果は、次のようになります。このように、アカウントが保有するモザイクID(`id`)とその保有数(`amount`)が一覧で表示されます。

```
id:72C0212E67A08BCE
amount:3894380037
id:020D1F5A91A0062A
amount:1
id:2479B93731AED30C
amount:1
id:26D651FC94595C48
amount:1
id:2B79788D1F3FBC8C
amount:1
id:2C227BAF098BBE7A
amount:1000000
id:2DB478D596630D9D
amount:499900000
id:2F93EDC5BE5E5564
amount:1000000
（省略）
```

Column ブロックチェーンを利用したサービスの勘所

ブロックチェーンを利用したサービスにおいて、アカウントの秘密鍵をどこで扱うかは重要なポイントです。クライアントサイドで秘密鍵を扱う場合は、ユーザー側でいかに安全に保管するかを考慮しなければなりません。

サーバサイドで扱うのであれば、ユーザーにブロックチェーンを意識させずにサービスを提供しやすくなります。しかし、資金決済法などの法令上の問題で、暗号資産を保有するユーザーのアカウントを金融庁の許可なく扱うことはできないため、それに抵触した作りにならないように細心の注意を払う必要があります。

また、ブロックチェーンではトランザクションを発生させる際に手数料が必要ですが、この手数料の負担をどうするかも課題となります。手数料を事業者などが肩代わりする仕組みもあるので、そういったものを利用することも検討してください。

　このように、サービスの構成を工夫することによって、ユーザーにブロックチェーンや暗号通貨を意識させず、ブロックチェーンのメリットだけを提供することも可能です。どのようにキャッシュポイントを設けるのかを意識して、ブロックチェーンを活用したサービスを提供するとよいでしょう。

2-1-7 まとめ

　ここまでで、それぞれのモザイクIDと保有量を取得することができるようになったはずです。テストネットでは、失敗しても新たにやり直せばよいだけなので、失敗を恐れず、使い方を覚える感覚で取り組んでいけばよいでしょう。

　お勧めの「練習メニュー」を記載しておきます。ぜひ、試してみてください。

練習2-1. デスクトップウォレットでアカウントを作成して、TypeScriptでアカウントの情報を取得するコードを作成し、ts-nodeで実行してみましょう。

練習2-2. デスクトップウォレットでモザイクを送信して、TypeScriptでモザイク情報を取得するコード作成し、ts-nodeで実行してみましょう。

Column Symbolブロックチェーンを学習していく方法

　ブロックチェーン自体を学習する第一歩として、Symbolコミュニティが提供している学習ツール『速習Symbol』があります。

https://learn.ja.symbol-community.com/01_introduction.html

　まずはブロックチェーン自体を学習には、とてもよい方法でしょう。ぜひ、チャレンジしてみてください！

　実は、本書の第2章の内容も『速習Symbol』をベースにしています。

2-2 トランザクション

まずは、ブロックチェーンの根幹をなす**トランザクション**を実行していきます。

ブロックチェーンの**ブロック**は、トランザクションの集合体です。トランザクションの集合体であるブロックは約30秒に1回生成されるのですが、その中にトランザクションを取り込んでいくというのがSymbolブロックチェーンの基本的なメカニズムです。

Symbolブロックチェーンでは、トランザクションはネットワーク上で資産を移動するためのメカニズムであり、モザイク（トークン）を送信したり、アカウント間の相互作用を促進したりするなど、さまざまな操作を可能にします。

全体的な流れは、次のようになります。

1. トランザクションを作成する
2. トランザクションに署名する
3. 署名したトランザクションをアナウンスする

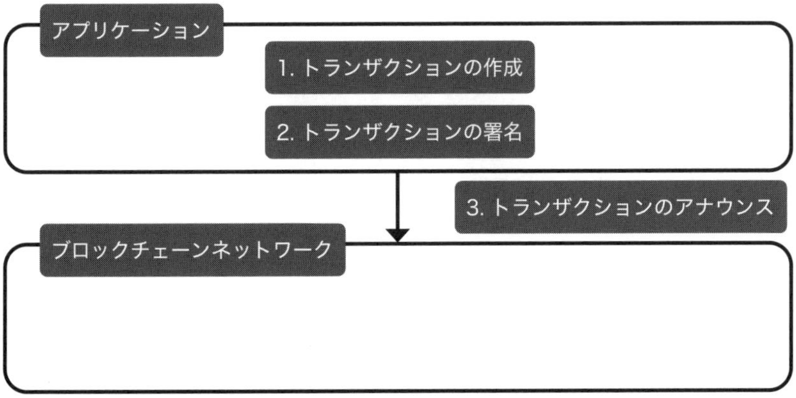

● 図2-6　トランザクションの流れ

1 2 3 4 5 6 7 8 付録

1 2 3 4 5 6 7 8 付録

2-2-1 コードの解説

まずはファイルを作成します。

```
symbol-sdk-example$ touch transaction.ts
```

アカウントAからアカウントBへメッセージを送信するトランザクションを実行してみましょう。次のコードを**transaction.ts**として作成します。

```
import {
  RepositoryFactoryHttp,
  Account,
  Address,
  TransferTransaction,
  Deadline,
  PlainMessage,
  UInt64,
} from "symbol-sdk"; // ——①
import { firstValueFrom } from 'rxjs';
const AlicePrivateKey =
  "B82E003F3DAF29C1E55C39553327B8E178D820396C8A6144AA71329XXXXXXX
XX"; // ——②
const bobAddress = "TBH3OVV3AFONJZSYOMUILGERPNYY77AISF54C4Q"; // ——②

const example = async (): Promise<void> => {
  // Network information                                         ③—┐
  const nodeUrl = "http://sym-test-01.opening-line.jp:3000"; // ——┘④
  const repositoryFactory = new RepositoryFactoryHttp(nodeUrl); // ——┘
  const epochAdjustment = await firstValueFrom(repositoryFactory.getE
pochAdjustment()); // ——⑤
  const networkType = await firstValueFrom(repositoryFactory.getNetwo
rkType()); // ——⑤
  const networkGenerationHash = await firstValueFrom (repositoryFacto
ry.getGenerationHash()) // ——⑤
  const recipientAddress = Address.createFromRawAddress(bobAddress);
// ——⑥
  const transferTransaction = TransferTransaction.create( // ——⑦
    Deadline.create(epochAdjustment), // 有効期限
    recipientAddress, // 受取人のアドレス
    [], // 送信するモザイクとその数量
    PlainMessage.create("This is a test message"), // メッセージ
```

```
    networkType, // ネットワークタイプ
    UInt64.fromUint(2000000) // 手数料
  );

  const account = Account.createFromPrivateKey(AlicePrivateKey, netwo
rkType); // ——⑧
const signedTransaction = account.sign( //  ——⑨
    transferTransaction,
    networkGenerationHash
  );
  console.log(signedTransaction.hash, "hash");
  console.log("--------------------------------")
  console.log(signedTransaction.payload, "payload");
  const transactionRepository = repositoryFactory.createTransactionRe
pository(); // ——⑩
  const response = await firstValueFrom (transactionRepository.announ
ce(signedTransaction))
  console.log(response);
};
example().then();
```

①では、必要となるモジュールを読み込んでいます。

- **RepositoryFactoryHttp**：リポジトリファクトリ
- **Account**：アカウントクラス
- **Address**：アドレスクラス
- **TransferTransaction**：トランスファートランザクション
- **Deadline**：デッドライン
- **PlainMessage**：プレインメッセージ
- **UInt64**：UInt64

ここで使用するクラスなどは、後ほど解説します。

次に、2つの定数を設定します。②はAliceの秘密鍵で、「送信」する際にトランザクションを署名するために必要です。この部分は、「2-1 Symbol SDK」でデスクトップウォレットにインポートしたAliceの秘密鍵に置き換えて実行します。以降に出てくる**AlicePrivateKey**は、全て自分自身の秘密鍵に置き換えないと実行できないので、注意してください。**bobAddress**はトランザクションの受信先を指定するためのアドレスです。

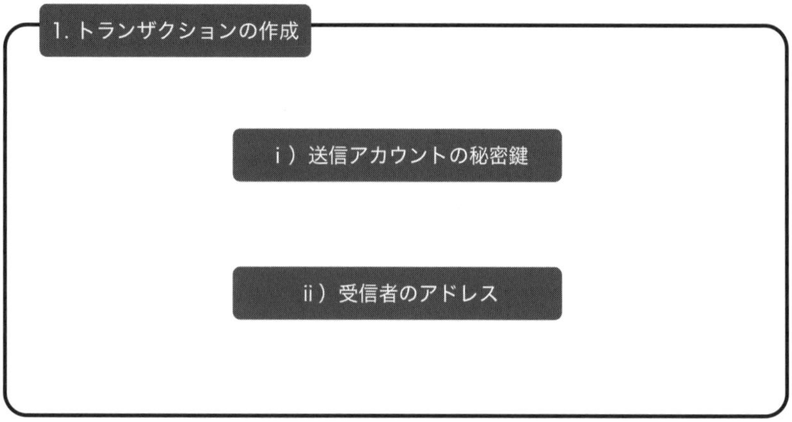

1. トランザクションの作成

i）送信アカウントの秘密鍵

ii）受信者のアドレス

● 図2-7　トランザクションに必要な情報その1

トランザクションを生成するための引数は、次のようになっています（実際のTransferTransaction.createのメソッドの定義です。引数と型情報が記載されていることがわかります）。

```
(method) TransferTransaction.create(deadline: Deadline, recipientAddr
ess: UnresolvedAddress, mosaics: Mosaic[], message: Message, networkT
ype: NetworkType, maxFee?: UInt64, signature?: string, signer?: Publi
cAccount): TransferTransaction
```

TransferTransaction.createのメソッドを使ってトランザクションを作成します。メソッドの引数の内容は次の通りです。

1. **deadline**：トランザクションの有効期限
2. **recipientAddress**：受け取り先のアドレス
3. **mosaics**：送信するモザイクの配列
4. **message**：送信するメッセージ
5. **networkType**：ネットワークタイプ
6. **maxFee**：最大手数料

実際に、トランザクションを生成していきます。

③では、トランザクションをアナウンスするノードのURLを指定する

nodeUrlを設定しています。④で、リポジトリのインスタンスを作成しています。リポジトリは、ノードとの通信をするためのモジュールです。

そして⑤では、RepositoryFactoryHttpインスタンスのメソッドを用いて、次の値を取得しています。

- エポック調整値
- ネットワークタイプ
- ネットワーク生成ハッシュ

エポック調整値は、コンピュータで一般的に使われているUNIX時間とSymbolブロックチェーンの時間を調整するために用いられます。Symbolブロックチェーンでは、特定の時刻を0秒とし、そこからの経過時間を扱っているため、その差分を調整するためにエポック調整値を利用します。

ネットワークタイプは、ネットワークの種別（テストネット、メインネット）を区別するために用いる値です。ネットワーク生成ハッシュは、ネットワークごとに決まる固有のハッシュ値です。

⑥では、Address.createFromRawAddress()で文字列で指定されたアドレスをAddress型に変換しています。これらの値を利用して、⑦でトランザクションのインスタンスを生成します。

次にトランザクションの署名を行います。トランザクションの署名には、先ほど生成したトランザクションのインスタンスと署名するアカウントのインスタンスが必要です。

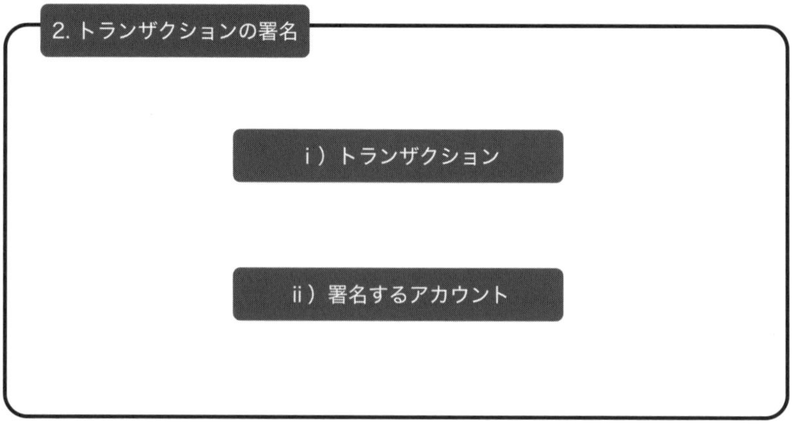

2. トランザクションの署名

i）トランザクション

ii）署名するアカウント

● 図2-8　トランザクションの署名

⑧で署名するアカウントのインスタンスを作成し、⑨で作成したトランザクションに署名します。⑩では、トランザクションをアナウンスしています。リポジトリファクトリから`createTransactionRepository()`を利用しトランザクションの送信などを担う`TransactionRepository`を作成し、`announce()`メソッドを使ってトランザクションをアナウンスします。

これでトランザクションを送信できるようになります。

2-2-2 ソースコードと実行結果

次に示すURLで、完全なソースコードを取得できます。説明したコードで不足している部分は、完全なソースコードから補完して実行してください。

```
https://github.com/symbol-books/symbol-basic/blob/main/chapter2/
transaction.ts
```

実行結果は、次のようになります。

```
symbol-sdk-example$ ts-node transaction.ts
ABCCF27A6E962BFC6DDEFB80CF23D03B42B5364D7483D0DF811926BFC823AA3A hash
--------------------------------
B700000000000000C6D6F311C265DAE6404DDC404AF85256545327DC679D52A54286E
911B0A13611C88382941193389DE294CC5B0B279F88DDA5783F780204DCE0B3EF02C3
```

```
A79F06C57096FF4507B39B79F49EB486EBD5E1673B2448974C64231A23CB5BB6E7854
0000000000198544180841E0000000000F4FC387A04000000984FB756BB015CD4E658
73288598917B718FFC08917BC172170000000000000000546869732069732061207465
57374206D657373616765 payload
TransactionAnnounceResponse {
  message: 'packet 9 was pushed to the network via /transactions'
}
```

2-2-3 Symbol SDKを使用した承認済みトランザクションの検索

トランザクションの検索を見てみましょう。ブロックチェーンのアプリケーションでは、トランザクションを送信するだけではなく、現在のブロックチェーンのデータを取得することも重要です。

ここでは、ブロックチェーンのノードに接続して、過去に送信されたトランザクションを取得してみましょう。次に示したのは、**alice.address**に関連する承認済みのトランザクションを取得するためのコードです。

まずはファイルを作成します。

```
symbol-sdk-example$ touch transactionResult.ts
```

次のコードを**transactionResult.ts**として作成します。

```
import { RepositoryFactoryHttp, Account, TransactionGroup } from
"symbol-sdk";
const AlicePrivateKey =
  "B82E003F3DAF29C1E55C39553327B8E178D820396C8A6144AA71329XXXXXXXX
XX";

const example = async (): Promise<void> => {
  // Network information
  const nodeUrl = "http://sym-test-01.opening-line.jp:3000";
  const repositoryFactory = new RepositoryFactoryHttp(nodeUrl);
  const networkType = await firstValueFrom(repositoryFactory.getNetwo
rkType());
  const alice = Account.createFromPrivateKey(AlicePrivateKey, network
Type);
  const txRepo = repositoryFactory.createTransactionRepository();
```

```
  const result = await firstValueFrom(txRepo
    .search({
      group: TransactionGroup.Confirmed,
      embedded: true,
      address: alice.address,
    }))
  console.log(result);
};
example().then();
import { firstValueFrom } from 'rxjs';
```

repositoryFactory.createTransactionRepository()でトランザクションを参照するためのリポジトリを読み込み、**txRepo.search()**で検索を行います。検索する条件は、次の引数で指定します。

- **group**：**TransactionGroup.Confirmed**　承認されたトランザクション
- **embedded**：**true**　アグリゲートトランザクションなどの内部に複数のトランザクションがある場合、内部まで表示させるオプションを有効にする
- **address**：**alice.address**　このアドレスが送信元もしくは送信先に指定されている

2-2-4 ソースコードと実行結果

次に示すURLで、完全なソースコードを取得できます。これまでに説明したコードで不足している部分は、完全なソースコードから補完して実行してください。

https://github.com/symbol-books/symbol-basic/blob/main/chapter2/transctionResult.ts

実行結果は、次のようになります。

```
symbol-sdk-example$ ts-node transactionResult.ts
Page {
  data: [
```

```
    TransferTransaction {
      type: 16724,
      networkType: 152,
      version: 1,
      deadline: [Deadline],
      maxFee: [UInt64],
      signature: '27BD9569260073EE395A2D57C3E6821F471701A64C30F4797F9
152E4FE1BA13D64F64FB516DE3592342A43C7DDB66C3AD87B923115EC68CE7F7BC0E1
3929A106',
      signer: [PublicAccount],
      transactionInfo: [TransactionInfo],
      payloadSize: 176,
      recipientAddress: [Address],
      mosaics: [Array],
      message: [RawMessage]
    },
    ...以下略
}
```

2-2-5 Symbol SDKを使用したアグリゲートトランザクションの作成とアナウンス

アグリゲートトランザクションを利用すると、複数のトランザクションを集約できます。アグリゲートトランザクションで集約されたトランザクションは、全てが成功するか、全てが失敗するかのどちらかになるため、取引の安全性を高めることができます。

たとえば、AliceがBobに代金を支払い、それと引き替えにBobがAliceにチケットを渡すという取引があった場合、ひとまとめにしないと持ち逃げされるリスクがあります。アグリゲートトランザクションでひとまとめにすると、そういった事態を防ぐことができます。

トランザクションの作成

ここでは、図2-9のように、AliceからBobに送信するトランザクション(Tx1)、AliceからCarolに送信するトランザクション（Tx2）をアグリゲートトランザクションでひとまとめにしてアナウンスします。

先のコードの⑦のトランザクションをアグリゲートトランザクションに置き換えることで、トランザクションを送信できます。

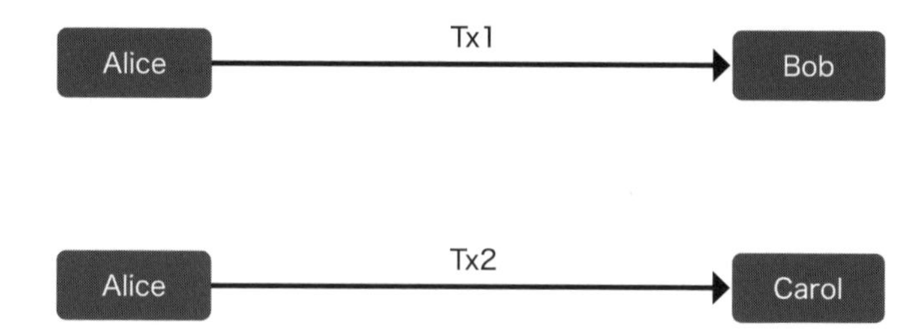

● 図2-9 アグリゲートトランザクション

アグリゲートトランザクションを作成する際には、次に示すコードのように、ひとまとめにしたいトランザクションを先に作成します。これを**内部トランザクション**といいます。その際、トランザクション有効期限（Deadline）は、この後で作成するアグリゲートトランザクションで指定するため、ここではundefinedにします。

まずはファイルを作成します。

```
symbol-sdk-example$ touch aggregateTransaction.ts
```

次のコードを**aggregateTransaction.ts**として作成します。

```
const innerTx1 = TransferTransaction.create(
  undefined!,
  bob.address,
  [],
  PlainMessage.create("tx1"),
  networkType
);

const innerTx2 = TransferTransaction.create(
  undefined!,
  carol.address,
  [],
  PlainMessage.create("tx2"),
  networkType
);
```

アグリゲートトランザクションの作成には**AggregateTransaction**クラスを使用します。今回は、Aliceの1人の署名で完結するため、**createComplete**メソッドを使用します。次のコードのように、ひとまとめにしたい内部トランザクションを配列にして指定します。また、内部トランザクションは**toAggregate()**でアグリゲートトランザクション用のインスタンスに変換します。その際の引数として、署名を求めるアカウントの**PublicAccount**を指定します。

```
const aggregateTx = AggregateTransaction.createComplete(
  Deadline.create(epochAdjustment!),
  [
    innerTx1.toAggregate(alicePublicAccount),
    innerTx2.toAggregate(alicePublicAccount),
  ],
  networkType,
  [],
  UInt64.fromUint(1000000)
);
```

アグリゲートトランザクションに内包するトランザクションとその2つのトランザクションを含んだトランザクションを生成し、⑦と置き換えることで可能になります。詳しくは、「2-2-6 ソースコードと実行結果」で紹介している完全なソースコードを確認してください。

2-2-6 ソースコードと実行結果

次に示すURLで、完全なソースコードを取得できます。説明したコードで不足している部分は、このコードを参照して補完してください。

https://github.com/symbol-books/symbol-basic/blob/main/chapter2/aggregateTransaction.ts

実行結果は、次のようになります。

```
symbol-sdk-example$ ts-node aggregateTransaction.ts
Payload: 580100000000000020C21494185B11CCB485D92D98F21F6C0C977292A
```

```
A3EE0CBD5A911F4E37FD2DC7F25463E5A4E4F40F01C2080C80DF6123BF26DE2569
149587E28000BA82B480BC57096FF4507B39B79F49EB486EBD5E1673B2448974C6
4231A23CB5BB6E785400000000000298414140420F000000000085B44C7A0400000
0E2728F7EE7EE8E3469DCD0C18083C1EB73CFD1DD8DB45CF708C8518393C2673AB
000000000000005400000000000000C57096FF4507B39B79F49EB486EBD5E1673
B2448974C64231A23CB5BB6E785400000000001985441984FB756BB015CD4E6587
3288598917B718FFC08917BC1720400000000000000074783100000000005400000
000000000C57096FF4507B39B79F49EB486EBD5E1673B2448974C64231A23CB5BB
6E785400000000001985441983CBCC4352DB4D1D932648970D9D6918AD2BABE5342D
CF10400000000000000000747832000000000
Transaction Hash: 0D429183DD7E590BFF4243BB5E1C28662ECE48AC8D9EADAB1FF
AA14028B38325
TransactionAnnounceResponse {
  message: 'packet 9 was pushed to the network via /transactions'
}
```

2-2-7 トランザクションステータスの取得

最後にトランザクションのステータスを確認します。

アグリゲートトランザクションはトランザクションの集合体なので、トランザクションのステータスを確認するときはアグリゲートトランザクションのハッシュを指定します。

まずはファイルを作成します。

```
symbol-sdk-example$ touch checkstatus.ts
```

次のコードを**checkstatus.ts**として作成します。

```
import { RepositoryFactoryHttp } from "symbol-sdk";
import { firstValueFrom } from 'rxjs';
const example = async (): Promise<void> => {
  // Network information
  const nodeUrl = "http://sym-test-01.opening-line.jp:3000";
  const repositoryFactory = new RepositoryFactoryHttp(nodeUrl);
  const tsRepo = repositoryFactory.createTransactionStatusReposito
ry();
  const transactionStatus = await firstValueFrom(tsRepo
    .getTransactionStatus(
```

```
      "E90C84A670F83E19410675BE5CD0FBDB0AB467EADC2ED6910F47A27D1BB9
6F64" //この部分をaggregateTransaction.ts実行結果のTransaction Hashの
値に置き換えて下さい
    ))
  console.log(transactionStatus);
};
example().then();
```

トランザクションのステータスのメソッドで引数にアグリゲートトランザクションのハッシュを用いることで確認できます。なお、**getTransactionStatus**の引数に指定しているハッシュ値は、**aggregateTransaction.ts**の実行結果の**Transaction Hash**の値に置き換えてください。

2-2-8 ソースコードと実行結果

次に示すURLで、完全なソースコードを取得できます。説明したコードで不足している部分は、完全なコードから補完してください。

https://github.com/symbol-books/symbol-basic/blob/main/chapter2/checkstatus.ts

実行結果は、次のようになります。

```
symbol-sdk-example$ ts-node checkstatus.ts
TransactionStatus {
  group: 'confirmed',
  hash: 'E90C84A670F83E19410675BE5CD0FBDB0AB467EADC2ED6910F47A27D1BB9
6F64',
  deadline: Deadline { adjustedValue: 6543356351 },
  code: 'Success',
  height: UInt64 { lower: 154214, higher: 0 }
}
```

Column トランザクションという名称

トランザクション（transaction）という名称は、データベースを使っていると聞き覚えがあるでしょう。データベースのトランザクションはデータの整合性と障害復旧のための仕組みです。

ブロックチェーンのトランザクションは、デジタル資産の移動やスマートコントラクトの実行で使われ、Symbolブロックチェーンでは送金やメッセージの送信などで作成します。

英単語としてのtransactionは「処理」「取引」などを意味するため、異なる意味で使われているデータベースとブロックチェーンでも、データ操作という観点では近しいものがあると筆者は考えています。

2-3 モザイクの作成と送信

モザイクとは、Symbolブロックチェーン上の規格で発行可能な取り扱い単位と識別子（ID）を持つ、電子的データのことです。モザイクでは、識別子（ID）ごとに、上限個数やアカウント間の移動の可否といった情報をカスタマイズできます。

このような機能を有していることから、「通貨」や「NFT」といったものを作ることが可能になります。モザイクを使うユースケースとして簡単に取り組めるものとしては、ポイントやNFTなどの独自のトークンを作成することが挙げられます。通貨の発行といった独自経済圏を作ることも可能ですが、そのモザイクを通貨と認める人がたくさんいる必要があり、その状況を生み出して維持するのはかなり困難です。たとえば、PayPayがQRコード決済を日本中に導入するためにかなりの時間と費用を要したことからも、その難易度がわかるでしょう。

まとめると、モザイクを利用すると「ポイント制度を構築する」という比較的難易度の低いものから、「独自経済圏を作る」という非常に難易度の高いものまで、「価値」を扱う取り組みが可能になるということです。

ここでは、シンプルなモザイク作成と送信のアプリケーションを構築し、そのソースコードを解説していきます。

2-3-1 コードの解説

モザイクを作成するには「モザイクを作成します」というアグリゲートトランザクションをネットワークにアナウンスする必要があります。先に示したトランザクションのコードの⑦のところを次のコードに置き換えていきます。このアグリゲートトランザクションは、「モザイク定義トランザクション」と「モザイク供給変更トランザクション」の2つを含んでいます。

まずはファイルを作成します。

```
symbol-sdk-example$ touch createMosaciTransaction.ts
```

次のコードを**createMosaciTransaction.ts**として作成します。

```
const mosaicDefTx = MosaicDefinitionTransaction.create( //
undefined!,
  nonce,
  MosaicId.createFromNonce(nonce, alice.address),
  MosaicFlags.create(supplyMutable, transferable, restrictable, revok
able),
  2,
  UInt64.fromUint(0),
  networkType,
);                                                          ①

const mosaicChangeTx = MosaicSupplyChangeTransaction.create( //
undefined!
  mosaicDefTx.mosaicId,  -
  MosaicSupplyChangeAction.Increase,
  UInt64.fromUint(1000000),
  networkType,
);                                                          ②

const aggregateTx = AggregateTransaction.createComplete( //
  Deadline.create(epochAdjustment!),
  [
    mosaicDefTx.toAggregate(alice.publicAccount),
    mosaicChangeTx.toAggregate(alice.publicAccount),        ③
  ],
  networkType,
  []
).setMaxFeeForAggregate(100, 0);
```

①の部分がモザイク定義のトランザクションで、モザイクのID、署名するアドレス、モザイクを設定しています。②の部分がモザイク供給量の変更のトランザクションで、③で最終的にモザイクのアグリゲートトランザクションを実行しています。

あとは、これをブロックチェーン上にアナウンスするだけです。ここはアグリゲートトランザクションのアナウンスと同じなので、割愛します。

2-3-2 ソースコードと実行結果

次に示すURLで、完全なソースコードを取得できます。説明したコードで不足している部分は、完全なソースコードから補完してください。

```
https://github.com/symbol-books/symbol-basic/blob/main/chapter3/
createMosaicTransaction.ts
```

実行結果は、次のようになります。

```
symbol-sdk-example$ ts-node createMosaciTransaction.ts
Payload: 3801000000000000F49D4B6E81D93D411DA98291D730BC0CE46471854C
BE96BA8444A02822FFF8CCE707C075BC39DB575956675B949E3CE7C30546B93B711
611CAB2821332A51A04C57096FF4507B39B79F49EB486EBD5E1673B2448974C6423
1A23CB5BB6E785400000000002984141E07900000000000068E3CE7A04000000420
6A5AE0F69D19DF0A4479E51A7292DD632D9F0DBD02FC2F7CF08223C45782A900000
00000000004600000000000000C57096FF4507B39B79F49EB486EBD5E1673B24489
74C64231A23CB5BB6E785400000000001984D417ABE8B09AF7B222C000000000000
00004474CBD00D0200004100000000000000C57096FF4507B39B79F49EB486EBD5E1
673B2448974C64231A23CB5BB6E785400000000001984D427ABE8B09AF7B222C404-
20F00000000000100000000000000
Transaction Hash: C640F7CFC1C4F0D0E1CD458334CB24465EAFED4932BF782A914
4115159A9447D
TransactionAnnounceResponse {
  message: 'packet 9 was pushed to the network via /transactions'
}
```

ハッシュをSymbolエクスプローラーで確認します。作成時に表示される「Transaction Hash:」の値を置き換えてください。

```
https://testnet.symbol.fyi/transactions/C640F7CFC1C4F0D0E1CD4583
34CB24465EAFED4932BF782A9144115159A9447D
```

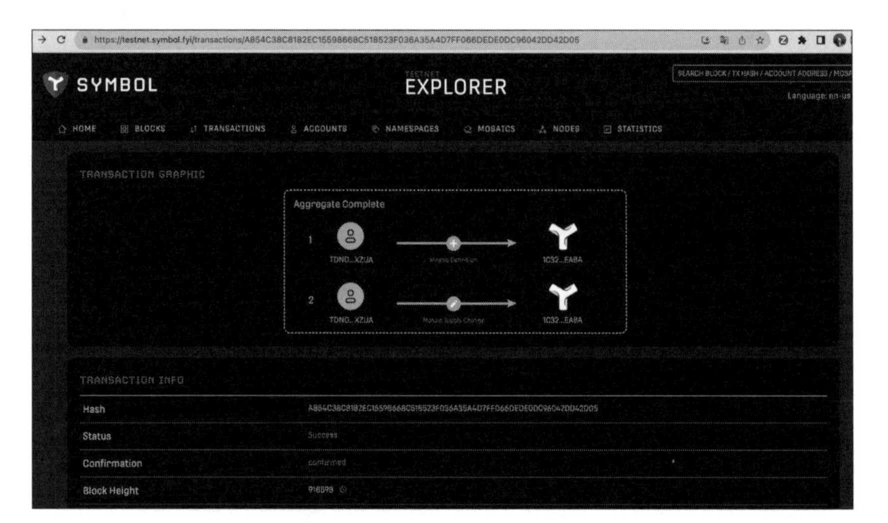

● 図2-10　モザイク作成中のトランザクション

新しくモザイクを作成しているトランザクションが確認できます。この右側に記載されているID（1C32...）の部分をクリックすると、発行したモザイクIDを確認できます。このモザイクIDは、以降のコードで何回か使うことになるので、別途記録しておいてください。

2-3-3 複数のモザイクを送信する

作成したモザイクを送信します。「2-1　Symbol SDK」で準備したトランザクションのモザイクを設定します。

まずはファイルを作成します。

```
symbol-sdk-example$ touch sendMosaicTransaction.ts
```

次のコードを**sendMosaicTransaction.ts**として作成します。

```
const tx = TransferTransaction.create(
  Deadline.create(epochAdjustment!),
  bob.address,
  [
    new Mosaic(new MosaicId("72C0212E67A08BCE"), UInt64.fromUi
nt(10000000)), // ここはモザイクのIDと送信量を設定します。
```

```
    new Mosaic(new MosaicId("7DF08F144FBC8CC0"), UInt64.fromUi
nt(1000)), // createMosaicTransactionで作成したモザイクIDを指定する
  ],
  EmptyMessage,
  networkType
).setMaxFee(100);
```

引数の3つ目の配列に、送信するモザイクIDと送信量を設定します。

あとの流れはトランザクションと同じです。

2-3-4 ソースコードと実行結果

次に示すURLで、完全なソースコードを取得できます。説明したコードで不足している部分は、完全なソースコードから補完してください。

https://github.com/symbol-books/symbol-basic/blob/main/chapter3/sendMosaicTransaction.ts

実行結果は、次のようになります。

```
symbol-sdk-example$ ts-node sendMosaicTransaction.ts
Payload: C000000000000000BFFF227EBF2CDCDA7FC6840E8E7521091B18DD784C3F
515D94D0A5D02CC1F6CE2CF56794302757CEC5ED423E3DF681BD359E27248E75A3868
4A731C386126D0BC57096FF4507B39B79F49EB486EBD5E1673B2448974C64231A23CB
5BB6E7854000000000001985441004B0000000000001FA8E27A04000000984FB756BB0
15CD4E65873288598917B718FFC08917BC172000002000000000CE8BA0672E21C072
8096980000000000C08CBC4F148FF07DE803000000000000
Transaction Hash: C7F2C65269725082FCA4F97F6FFD1B3CF9A6DFF0B3113FD5FA4
F54AA26E9268B
TransactionAnnounceResponse {
  message: 'packet 9 was pushed to the network via /transactions'
}
```

テストネットのネットワークがない場合や不具合が発生している場合は、次のようなエラーになるので注意してください。ここに示したのは「**http://sym-test-04.opening-line.jp:3000/**」が存在しない場合のエラーです。

```
symbol-sdk-example$ ts-node sendMosaicTransaction.ts
(node:29578) UnhandledPromiseRejectionWarning: FetchError: request to
http://sym-test-04.opening-line.jp:3000/network/properties failed, re
ason: getaddrinfo ENOTFOUND sym-test-04.opening-line.jp
    at ClientRequest.<anonymous> (/Users/matsumotokazumasa/symbol-
sdk-example/node_modules/node-fetch/lib/index.js:1505:11)
    at ClientRequest.emit (events.js:400:28)
    at ClientRequest.emit (domain.js:475:12)
    at Socket.socketErrorListener (_http_client.js:475:9)
    at Socket.emit (events.js:400:28)
    at Socket.emit (domain.js:475:12)
    at emitErrorNT (internal/streams/destroy.js:106:8)
    at emitErrorCloseNT (internal/streams/destroy.js:74:3)
    at processTicksAndRejections (internal/process/task_queues.
js:82:21)
(Use `node --trace-warnings ...` to show where the warning was creat
ed)
(node:29578) UnhandledPromiseRejectionWarning: Unhandled promise reje
ction. This error originated either by throwing inside of an async fu
nction without a catch block, or by rejecting a promise which was not
handled with .catch(). To terminate the node process on unhandled pro
mise rejection, use the CLI flag `--unhandled-rejections=strict` (see
https://nodejs.org/api/cli.html#cli_unhandled_rejections_mode). (reje
ction id: 1)
(node:29578) [DEP0018] DeprecationWarning: Unhandled promise rejectio
ns are deprecated. In the future, promise rejections that are not han
dled will terminate the Node.js process with a non-zero exit code.
```

事前にノードが利用可能かどうかを確認するには、Webブラウザで「**ノードのベースURL/node/health**」を入力し、レスポンス例のように表示されることを確認してください。

URL例

```
http://sym-test-03.opening-line.jp:3000/node/health
```

レスポンス例

```
{"status":{"apiNode":"up","db":"up"}}
```

apiNodeとdbの両方がupであれば、ノードは利用可能な状態です。

Column モザイクとトークン

ほかの仮想通貨では「トークン」と呼ばれていますが、Symbolでは「モザイク」と呼称しています。Ethereumでの開発の経験がある人は、「モザイクトークン」と認識してもよいでしょう。

モザイクという言葉は「モザイクアート」に由来しているようです。

2-4 ネームスペースの作成

ネームスペースとは、Symbolブロックチェーン上で扱う事ができるドメインサービスのようなものです。アドレスやモザイクに対して、わかりやすく、重複のない、唯一の識別子を設定できます。ネームスペースを使用することで「わかりやすさ」「重複を排除した唯一性」を表現できます。

2-4-1 ルートネームスペースの作成

ネームスペースの作成には**NamespaceRegistrationTransaction.createRootNamespace**を使用します。

まずはファイルを作成します。

```
symbol-sdk-example$ touch createNamespace.ts
```

そして、次のコードを**createNamespace.ts**として作成します。

```
const tx = NamespaceRegistrationTransaction.createRootNamespace(
  Deadline.create(epochAdjustment!),
  namespaceName,
  UInt64.fromUint(172800),
  networkType
).setMaxFee(2000);
```

○NamespaceRegistrationTransaction.createRootNamespaceの定義

```
(method) NamespaceRegistrationTransaction.createRootNamespace(deadli
ne: Deadline, namespaceName: string, duration: UInt64, networkType:
NetworkType, maxFee?: UInt64, signature?: string, signer?: PublicAcco
unt): NamespaceRegistrationTransaction
```

引数として、次の4つの引数が必要になります。

1. Deadline
2. ネームスペース名
3. ネームスペースの有効期限
4. ネットワークタイプ

これまで実施してきたように、トランザクションを作成し、署名してアナウンスするという流れは変わりません。ここで作成するトランザクションは、ネームスペースを作成するトランザクションであるということです。

ネームスペースの有効期限は、次のようにブロック数を指定する必要があります。

```
17280 block × 30 ÷ (24 × 60 × 60) = 60（日）
```

注意点として、コード上では`namespaceName`は`matsumoto`になっていますが、この部分はSymbolブロックチェーン全体で重複することができません。インターネットのドメインもユニークであるのと一緒です。もし同一の`namespace`を指定してアナウンスを行うと、すでに存在しているというエラーが発生してブロックチェーンには取り込まれません。

したがって、ここでは自分自身で考えた名前＋適当な数字（例：`matsumoto012345`）のようなネームスペースを指定しましょう。

2-4-2 ソースコードと実行結果

次に示すURLで、完全なソースコードを取得できます。説明したコードで不足している部分は、完全なソースコードから補完してください。

```
https://github.com/symbol-books/symbol-basic/blob/main/chapter4/
createNamespace.ts
```

実行すると、次のような結果が得られます。

```
symbol-sdk-example$ ts-node createNamespace.ts
rentalBlock:1051200
rootNsRenatalFeeTotal:210240000
Payload: 9B000000000000002C8241BE1713DB9166D1696BC6212DC7C2B58C40021C
773C7F7B529A07EDB5A6192A0807DE355F6A7006137E7ABC643C06A263FF68A25847D
AA160A5D533C10AC57096FF4507B39B79F49EB486EBD5E1673B2448974C64231A23CB
5BB6E7854000000000001984E41F0BA040000000000002F1491AE04000000A30200000
0000061EE49CF2AA798A900096D617473756D6F746F
Transaction Hash: 3F2209B48988EA0DAF9999593BE71B44880CFD35CF33E0E18C9
06B31B639BC53
TransactionAnnounceResponse {
  message: 'packet 9 was pushed to the network via /transactions'
}
```

ちなみに、同じネームスペースを複数回発行すると、同じ署名者が実施したのであれば、日付がさらにプラスされます。

● 図2-11　ネームスペース

また、同じネームスペースを別の秘密鍵を使用して署名すると図2-12のようになり、別のアカウントのネームスペースを奪ったりできないように保護されていることがわかります。

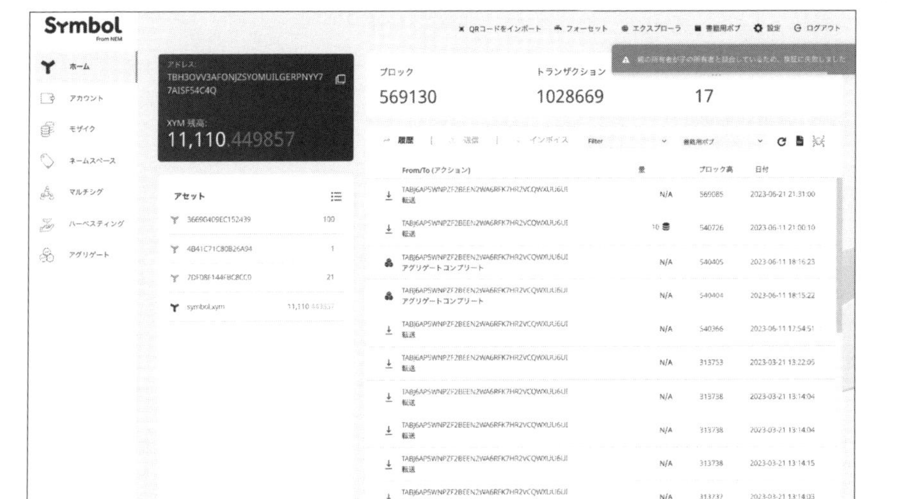

● 図2-12　同じネームスペースを別の秘密鍵を使用して署名する

2-4-3 サブネームスペースの作成

次に、サブネームスペースを作成してみましょう。

サブネームスペースは、ルートネームスペースの下に作成できます。第一階層がルートネームスペース、第二階層以下がサブネームスペースです。作成は、トランザクションのメソッドと引数を変更して、アナウンスするだけです。また、サブネームスペースの有効期限は、ルートネームスペースと同じです。

まずはファイルを作成します。

```
symbol-sdk-example$ touch createSubNamespace.ts
```

そして、次のコードを**createSubNamespace.ts**として作成します。

```
const tx = NamespaceRegistrationTransaction.createSubNamespace(
  Deadline.create(epochAdjustment!),
  "tomato",
  "matsumoto",
  networkType,
).setMaxFee(1000)
```

引数として、次の4つの引数が必要になります。

1. Deadline
2. サブネームスペース名
3. ルートネームスペース名
4. ネットワークタイプ

ここまで本書で学習していれば、このトランザクションの作成方法はわかるでしょう。変更する内容は、「トランザクションの作成」の部分です。署名とネットワークへのアナウンスは、基本的に変わりません。

ここでも`matsumoto`のまま実行してしまうと、アナウンスはできるものの、ブロックチェーンに記録されません。`createNamespace.ts`で指定した文字列に置き換えて実行してください。

2-4-4 ソースコードと実行結果

次に示すURLで、完全なソースコードを取得できます。説明したコードで不足している部分は、完全なソースコードから補完してください。

https://github.com/symbol-books/symbol-basic/blob/main/chapter4/createSubNamespace.ts

実行結果は、次のようになります。

```
symbol-sdk-example$ ts-node createSubNamespace.ts
rentalBlock:1051200
rootNsRentalFeeTotal 210240000
10000000 childNamespaceRentalFee
Payload: 98000000000000009B7292B575B473388D2080F7E910693917C4CD1E3581
4AFD4E3F4BFA555C6E7EA6CE511CC69B50931C50330B390869869E8D8C9144097A03D
C7B9EDDE223D80AC57096FF4507B39B79F49EB486EBD5E1673B2448974C64231A23CB
5BB6E7854000000000001984E41C051020000000000A94E9DAE0400000061EE49CF2AA
798A963B4F41666D491F30106746F6D61746F
Transaction Hash: 68B1371B0D1EEF710743184818B60643D949081B9154E002D77
9E5527A2F0C18
```

```
TransactionAnnounceResponse {
  message: 'packet 9 was pushed to the network via /transactions'
}
```

トランザクション詳細

タイプ:	ネームスペース登録
ステータス:	承認済
ハッシュ:	68B1371B0D1EEF710743184818B60643D949081B9154E002D779E5527A2F0C18
支払手数料:	0.152 (XYM)
ブロック高:	569148
期限:	2023-06-22 00:04:41.057
Signer:	TABJ6AP5WNPZF2BEEN2WA6RFK7HR2VCQWXUU6UI
署名者公開鍵:	C57096FF4507B39B79F49EB486EBD5E1673B2448974C64231A23CB5BB6E78540
署名:	9B7292B575B473388D2080F7E910693917C4CD1E35814AFD4E3F4BFA555C6E7EA6CE511CC69B50931C50330B390869869E8D8C9144097A03DC7B9EDDE223D80A
スペース名:	tomato
親ネームスペース:	matsumoto
推定レンタル手数料:	10 (XYM)

● 図2-13　サブネームスペースの作成

保有ネームスペース ｜ ネームスペース作成 ｜ サブネームスペース作成

メタデータ追加　期限切れネームスペースを表示

Id	名前	有効期限	期限切れ	エイリアスタイプ	エイリアス
8185B2EE441B829D	opening-line	29 d 23 h 33 m	false	N/A	N/A
F391D46616F4B463	matsumoto.tomato	119 d 23 h 39 m	false	N/A	N/A
A998A72ACF49EE61	matsumoto	119 d 23 h 39 m	false	N/A	N/A
F8D224EC0AC5E735	kazumasa	59 d 23 h 38 m	false	N/A	N/A

● 図2-14　サブネームスペースの確認

これでサブネームスペースの作成ができました。しかし、ここまでは「ネームスペースを作成した」だけに過ぎません。後ほど実行しますが、URLと同様に、アカウントアドレスやモザイクIDと紐付ける必要があります。

2-4-5 ネームスペースの有効期限の確認

次に、ネームスペースの有効期限を取得しましょう。

新規にネームスペースを作成しても、有効期限が切れてしまうと解放されてしまいます。これは、ドメインの場合と同様です。

したがって、ネームスペースの有効期限を定期的に確認することが大切です。

まずはファイルを作成します。

```
symbol-sdk-example$ touch getNamespaceLimit.ts
```

次のコードを**getNamespaceLimit.ts**として作成します。

```
import { RepositoryFactoryHttp, NamespaceId } from "symbol-sdk";
import { firstValueFrom } from 'rxjs';

const example = async (): Promise<void> => {
  // Network information
  const nodeUrl = "http://sym-test-01.opening-line.jp:3000";
  const repositoryFactory = new RepositoryFactoryHttp(nodeUrl);
  const epochAdjustment = await firstValueFrom(repositoryFactory.getE
pochAdjustment());
  const nsRepo = repositoryFactory.createNamespaceRepository(); // 名
前空間に関する情報を取得するためのメソッドが利用可能になります。
  const chainRepo = repositoryFactory.createChainRepository(); // チ
ェーン（ブロックチェーン）に関する情報を取得するためのメソッドが利用
可能になります。
  const blockRepo = repositoryFactory.createBlockRepository(); // 個
別のブロックに関する情報を取得するためのメソッドが利用可能になります
。

  const namespaceId = new NamespaceId("matsumoto");//この部分をご自身
で考えたユニークな文字列にする（例 matsumoto012345）
  const nsInfo = await firstValueFrom(nsRepo.getNamespace(namespace
Id)); // 名前空間の詳細情報を取得します。
  const lastHeight = (await firstValueFrom(chainRepo.getChainIn
fo())).height; // ブロックチェーンの最新のブロック高（つまり、最新の
ブロックの番号）を取得します。
  const lastBlock = await firstValueFrom(blockRepo.getBlockByHeight(l
astHeight)); // 最新のブロックの詳細情報を取得します。
  const remainHeight = nsInfo.endHeight.compact() - lastHeight.compa
ct(); // 名前空間の終了ブロック高から現在のブロック高を引き、名前空間
が有効である残りのブロック数を計算します。

  const endDate = new Date(// 最新のブロックのタイムスタンプ（UNIX時
間）に、残りのブロック数に30000（Symbolのブロック時間は約30秒）を掛け
た時間と、エポック調整値を加えた時間を加算して、名前空間の終了日時（
有効期限）を計算します。
    lastBlock.timestamp.compact() +
      remainHeight * 30000 +
      epochAdjustment * 1000
```

```
  );
  console.log(endDate);
};
example().then();
```

ここで、ネームスペースの有効期限が必要となります。その終了日時は、次のように算出します。

終了日時 ＝ エポックアジャストメント ＋ 最新のブロックのタイムスタンプ
＋（名前空間の終了ブロック高 ー 最新のブロック高）× ブロック生成時間

2-4-6 ソースコードと実行結果

次に示すURLで、完全なソースコードを取得できます。説明したコードで不足している部分は、完全なソースコードから補完してください。

```
https://github.com/symbol-books/symbol-basic/blob/main/chapter4/getNamespaceLimit.ts
```

実行結果は、次のようになります。

```
symbol-sdk-example$ ts-node getNamespaceLimit.ts
2023-10-20T12:44:46.606Z
```

この出力例の場合は、「2023年10月20日の12時44分46秒」にネームスペースが有効期限切れになることを意味します。自身で設定したネームスペースは、設定時点から2カ月後が有効期限になっているはずです。たとえばネームスペースを使用してサービスのアドレスに対して紐付けている場合、この日時までに更新作業を実施しないとサービスが停止してしまいます。したがって、定期的にネームスペースの有効期限を確認する必要があります。

2-4-7 ネームスペースとアドレスを紐付ける

ネームスペースを作っただけでは、効果を発揮しません。有効にするには、作成したアドレスに対してネームスペースを紐付けしなければなりません。

このコードでは、Symbolブロックチェーン上の特定のネームスペース（この場合、**matsumoto**）を特定のアカウント（この場合、秘密鍵が**AlicePrivateKey**であるアカウント）にリンクするエイリアストランザクションを作成し、それをブロックチェーンにアナウンスします。

これらの操作を通じて、ネームスペースを特定のアカウントにリンクすることが可能になります。そうすることで、他のユーザーはネームスペース名を使用してそのアカウントに簡単にアクセスできます。

ネームスペースに紐付けるには、**AliasTransaction**クラスを用います。

まずはファイルを作成します。

```
symbol-sdk-example$ touch linkNamespaceAddress.ts
```

次のコードを**linkNamespaceAddress.ts**として作成します。

```
const tx = AliasTransaction.createForAddress(
  Deadline.create(epochAdjustment!),
  AliasAction.Link,
  namespaceId,
  alice.address,
  networkType
).setMaxFee(100);
```

基本的なトランザクションと同じ構造です。第2引数の**AliasAction.Link**が、ネームスペースとアドレスを紐付けることを意味します。第3引数は紐付けるネームスペースのID、第4引数は紐付けるアドレス、最後の第5引数はネットワークタイプです。

2-4-8 ソースコードと実行結果

次に示すURLで、完全なソースコードを取得できます。説明したコードで不足している部分は、完全なソースコードから補完してください。

```
https://github.com/symbol-books/symbol-basic/blob/main/chapter4/linkNamespaceAddress.ts
```

実行すると、次のようになります。

トランザクション詳細

タイプ:	アドレスエイリアス
ステータス:	承認済
ハッシュ:	009FCF5FE08AD73468A8C45F89D06F09CE10BD8F1166EF6F6A2F274647039EF8
支払手数料:	0.0161 (XYM)
ブロック高:	569193
期限:	2023-06-22 00:28:09.238
Signer:	TABJ6AP5WNPZF2BEEN2WA6RFK7HR2VCQWXUU6UI
署名者公開鍵:	C57096FF4507B39B79F49EB486EBD5E1673B2448974C64231A23CB5BB6E78540
署名:	46B9821A0E9D6E16E2C6DFC91B90EE0BC501EC583B99AD523096B45350A5D522098F4D06D5458311A6AF95C582B1F1FAB440ADA34099E949215E596220773A07
ネームスペース:	A998A72ACF49EE61
アクション:	Link
アドレス:	TABJ6AP5WNPZF2BEEN2WA6RFK7HR2VCQWXUU6UI

● 図2-15　アドレスの紐付け

```
symbol-sdk-example$ ts-node linkNamespaceAddress.ts
Payload: A10000000000000046B9821A0E9D6E16E2C6DFC91B90EE0BC501EC583B99
AD523096B45350A5D522098F4D06D5458311A6AF95C582B1F1FAB440ADA34099E9492
15E596220773A07C57096FF4507B39B79F49EB486EBD5E1673B2448974C64231A23CB
5BB6E785400000000001984E42E43E0000000000005ECBB2AE0400000061EE49CF2AA
798A998029F01FDB35F92E8242375607A2557CF1D5450B5E94F5101
Transaction Hash: 009FCF5FE08AD73468A8C45F89D06F09CE10BD8F1166EF6F6A2
F274647039EF8
TransactionAnnounceResponse {
  message: 'packet 9 was pushed to the network via /transactions'
}
```

2-4-9 ネームスペースをモザイクに紐付ける

ネームスペースをモザイクに紐付けます。これにより、モザイクIDを知らなくても、ネームスペース名を使用してモザイクにアクセスできるようになります。

次のコードは、Symbolブロックチェーン上の特定のモザイク（この場合、モザイクIDが**7DF08F144FBC8CC0**であるもの）を特定のネームスペース（この場合、**matsumoto.tomato**）にリンクするエイリアストランザクションを作成し、それをブロックチェーンにアナウンスするものです。なお、**7DF08F144FBC8CC0**の部分は、第2章で自身が作成したモザイクIDに置き換えて実行してください。

まずはファイルを作成します。

```
symbol-sdk-example$ touch linkNamespaceMosaic.ts
```

次のコードを**linkNamespaceMosaic.ts**として作成します。

```
const tx = AliasTransaction.createForMosaic(
  Deadline.create(epochAdjustment!),
  AliasAction.Link,
  namespaceId,
  mosaicId,
  networkType,
).setMaxFee(100);
```

こちらも同様に、アドレスの部分がモザイクIDになっているものとは、**AliasTransaction**のメソッドを**createForMosaic**に変更している点が異なります。

2-4-10 ソースコードと実行結果

次に示すURLで、完全なソースコードを取得できます。説明したコードで不足している部分は、完全なソースコードから補完してください。

```
https://github.com/symbol-books/symbol-basic/blob/main/chapter4/
linkNamespaceMosaic.ts
```

実行すると、次のようになります。

トランザクション詳細

タイプ:	モザイクエイリアス
ステータス:	承認済
ハッシュ:	5471A2F24067F12FCF665E3E2DAEFCDA220177DB2E634B3ED3969CCE882DB2AB
支払手数料:	0.0145 (XYM)
ブロック高:	569207
期限:	2023-06-22 00:35:22.431
Signer:	TABJ6AP5WNPZF2BEEN2WA6RFK7HR2VCQWXUU6UI
署名者公開鍵:	C57096FF4507B39B79F49EB486EBD5E1673B2448974C64231A23CB5BB6E78540
署名:	5F6F6E9A02F0A59B67B34A1D4FA424BD0F44F950A546E356B229E3395F2D9080AFBF69A9DAECF918225D1A23E01353D43 7DF38F5AA3DBB66F775DD8DBBED8800
ネームスペース:	F391D46616F4B463
アクション:	Link
モザイク:	7DF08F144FBC8CC0

● 図2-16　モザイクエイリアス

```
symbol-sdk-example$ ts-node linkNamespaceMosaic.ts
Payload: 9100000000000000005F6F6E9A02F0A59B67B34A1D4FA424BD0F44F950A546
E356B229E3395F2D9080AFBF69A9DAECF918225D1A23E01353D437DF38F5AA3DBB66F
775DD8DBBED8800C57096FF4507B39B79F49EB486EBD5E1673B2448974C64231A23CB
5BB6E7854000000000001984E43A4380000000000000008767B9AE0400000063B4F41666D
491F3C08CBC4F148FF07D01
Transaction Hash: 5471A2F24067F12FCF665E3E2DAEFCDA220177DB2E634B3ED39
69CCE882DB2AB
TransactionAnnounceResponse {
  message: 'packet 9 was pushed to the network via /transactions'
}
```

2-4-11 ネームスペースから情報を取得する

事前の準備は完了しましたが、実はここからが重要です。URLにも使用されるドメインも同じですが、検索されやすい状態にしなければなりません。まずはリポジトリを使用して、情報を取得できることを確認します。ここで使用するのは、ネームスペースに関するリポジトリです。

まずはファイルを作成します。

```
symbol-sdk-example$ touch referenceNamespace.ts
```

次のコードを**referenceNamespace.ts**として作成します。

```
  const nsRepo = repositoryFactory.createNamespaceRepository();
  const namespaceInfo = await firstValueFrom(nsRepo.
    getNamespace(new NamespaceId("matsumoto"))) //この部分をご自身で
考えたユニークな文字列にする（例 matsumoto012345）
  const namespaceMosaicInfo = await firstValueFrom(nsRepo.
    getNamespace(new NamespaceId("matsumoto.tomato"))) //この部分をご
自身で考えたユニークな文字列にする（例 matsumoto012345.tomato）
```

これで**nsRepo**で情報が読み込まれるので、あとは非同期処理で取得するだけです。

2-4-12 ソースコードと実行結果

次に示すURLで、完全なソースコードを取得できます。説明したコードで不足している部分は、完全なソースコードから補完してください。

https://github.com/symbol-books/symbol-basic/blob/main/chapter4/referenceNamespace.ts

実行すると、次のようになります。

```
symbol-sdk-example$ ts-node referenceNamespace.ts
NamespaceInfo {
  version: 1,
  active: true,
  index: 1,
  recordId: '6492FCB53BE93F2BD40B8BFE',
  registrationType: 0,
  depth: 1,
  levels: [ NamespaceId { id: [Id] } ],
  parentId: NamespaceId { id: Id { lower: 0, higher: 0 } },
  ownerAddress: Address {
```

```
    address: 'TABJ6AP5WNPZF2BEEN2WA6RFK7HR2VCQWXUU6UI',
    networkType: 152
  },
  startHeight: UInt64 { lower: 569107, higher: 0 },
  endHeight: UInt64 { lower: 917587, higher: 0 },                ①
  alias: AddressAlias {
    type: 2,
    address: Address {
      address: 'TABJ6AP5WNPZF2BEEN2WA6RFK7HR2VCQWXUU6UI', ──②
      networkType: 152
    },
    mosaicId: undefined
  }
}
NamespaceInfo {
  version: 1,
  active: true,
  index: 1,
  recordId: '6492FCB53BE93F2BD40B8BFD',
  registrationType: 1,
  depth: 2,
  levels: [ NamespaceId { id: [Id] }, NamespaceId { id: [Id] } ],
  parentId: NamespaceId { id: Id { lower: 3477728865, higher:
2845353770 } },
  ownerAddress: Address {
    address: 'TABJ6AP5WNPZF2BEEN2WA6RFK7HR2VCQWXUU6UI',
    networkType: 152
  },
  startHeight: UInt64 { lower: 569107, higher: 0 },
  endHeight: UInt64 { lower: 917587, higher: 0 },
  alias: MosaicAlias {
    type: 1,
    address: undefined,
    mosaicId: MosaicId { id: [Id] }
  }
}
```

このように、ネームスペースに紐付いているアドレス情報やモザイク情報を引き出せます。たとえば、**AddressAlias**（①）の中には、コード上に記載している**matsumoto**に紐付くアドレス（②）が表示されていることがわかります。

2-4-13 ネームスペースを使用したトランザクションの送信

複雑なアドレスから解放されて、わかりやすく、ハンドリングしやすいネームスペースを手に入れました。それでは、このネームスペースを実際に使っていきましょう。事前準備として、ネームスペースを指定したアドレスに対してトランザクションを生成する手数料分のXYMを所有しているbobアカウントが必要になります。コードを作成する前に、「2-1-3　ソースコードと実行結果」「2-1-4　デスクトップウォレットでのアカウントのインポート」の手順でbobアカウントを作成しておいてください。

次のように、トランザクションの送信先を**namespaceId**に設定するだけで、あとはネームスペースからアドレスへの名前解決がブロックチェーン上で自動的に実行されます。

まずはファイルを作成します。

```
symbol-sdk-example$ touch namespaceUseTransfer.ts
```

次のコードを**namespaceUseTransfer.ts**として作成します。

```
  const namespaceId = new NamespaceId("matsumoto"); //この部分をご自
身で考えたユニークな文字列にする（例 matsumoto012345）
  const bob = Account.createFromPrivateKey(bobPrivateKey, networkTy
pe);
  // トランザクションの作成
  const tx = TransferTransaction.create(
    Deadline.create(epochAdjustment),
    namespaceId,
    [],
    EmptyMessage,
    networkType,
  ).setMaxFee(100);
```

2-4-14 ソースコードと実行結果

次に示すURLで、完全なソースコードを取得できます。説明したコードで不足している部分は、完全なソースコードから補完してください。

https://github.com/symbol-books/symbol-basic/blob/main/chapter4/namespaceUseTransferTransaction.ts

実行すると、次のようになります。

トランザクション詳細

タイプ:	転送
ステータス:	承認済
ハッシュ:	3F408971A943906608EBB30FA3B737440E034C5696E5837551E5B121BB7F4D34
支払手数料:	[illegible] (XYM)
ブロック高:	569233
期限:	2023-06-22 00:49:26.453
Signer:	TBH3OVV3AFONJZSYOMUILGERPNYY77AISF54C4Q
署名者公開鍵:	8FCE44AB3C4A1A9C37EE0C92116BE1A0D4369EF8BC62799335B722D7FA936618
署名:	054C7A5E075284D65885C1C6C7508926A7E6BAFC440B116C6201DD92930CF638BEED8DA93611FB0424DB0DAE29F3AA132FEA0D8886E7538E9CD32C396AD28900
送信者:	TBH3OVV3AFONJZSYOMUILGERPNYY77AISF54C4Q
宛先:	matsumoto
メッセージ:	

● 図2-17　ネームスペースを使用したトランザクション

```
symbol-sdk-example$ ts-node namespaceUseTransfer.ts
Payload: A000000000000000054C7A5E075284D65885C1C6C7508926A7E6BAFC440B
116C6201DD92930CF638BEED8DA93611FB0424DB0DAE29F3AA132FEA0D8886E7538E9
CD32C396AD289008FCE44AB3C4A1A9C37EE0C92116BE1A0D4369EF8BC62799335B722
D7FA9366180000000001985441803E0000000000007D48C6AE040000009961EE49CF2
AA798A9000000000000000000000000000000000000000000000
Transaction Hash: 3F408971A943906608EBB30FA3B737440E034C5696E5837551E
5B121BB7F4D34
TransactionAnnounceResponse {
  message: 'packet 9 was pushed to the network via /transactions'
}
```

このようにして、トランザクションの指定先を簡略化できます。

2-4-15 ネームスペースを使用したモザイクの送信

モザイクの送信も、トランザクションと同様です。このようにネームスペースを使用することで、たとえば運用管理者が引き継ぎを実施する際なども、簡単に情報を共有できます。16進数のパラメータではなく、わかりやすい単語であれば、ミスが減ることは明らかでしょう。

まずはファイルを作成します。

```
symbol-sdk-example$ touch transferTransactionMosaicUseNamespace.ts
```

次のコードを**transferTransactionMosaicUseNamespace.ts**として作成します。

```
const tx = TransferTransaction.create(
  Deadline.create(epochAdjustment),
  bob.address,
  [new Mosaic(namespaceIdMosaic, UInt64.fromUint(100))],
  EmptyMessage,
  networkType,
).setMaxFee(100);
```

TransferTransactionの送信するモザイクの部分を**namespaceIdMosaic**に設定していますが、こちらはネームスペースを設定しているだけです。

```
const namespaceIdMosaic = new NamespaceId("matsumoto.tomato"); //この部分をご自身で考えたユニークな文字列にする（例 matsumoto012345.tomato）
```

2-4-16 ソースコードと実行結果

次に示すURLで、完全なソースコードを取得できます。説明したコードで不足している部分は、完全なソースコードから補完してください。

https://github.com/symbol-books/symbol-basic/blob/main/chapter4/transferTransactionMosaicUseNamespace.ts

実行結果は、次のようになります。

```
symbol-sdk-example$ ts-node transferTransactionMosaicUseNamespace.ts
Payload: B0000000000000002CD52D183E957DFDBACA896864F7FC656449A885BC20
```

```
0A7D5E7E9FA926C461E0FB47E417932BC6CD8354AA2B37AE1B9DE214697F6B818EFBD
3E7C5772B66410EC57096FF4507B39B79F49EB486EBD5E1673B2448974C64231A23CB
5BB6E78540000000000001985441C04400000000000001EA6C9AE04000000984FB756BB
015CD4E65873288598917B718FFC08917BC1720000001000000000F77C108877C067
9F6400000000000000
Transaction Hash: 85231F293EAB27E27A32BF3A77B0726C863CBF6428E37C23489
38393C4FAA200
TransactionAnnounceResponse {
  message: 'packet 9 was pushed to the network via /transactions'
}
```

2-4-17 まとめ

これでネームスペースを使用したTypeScript環境での動作確認は終了です。ネームスペースを使用すると、簡単に送信先やモザイクの指定ができるようになります。

現状ではSymbolブロックチェーンを活用したアプリケーション自体は多くはありませんが、今後、使う人が増えれば増えるほど、ネームスペースの機能は大いに役立ちます。

Column ネームスペースの有効期限切れに注意

ネームスペースの認知度が広まっていくと、ドメインと同じような状況が発生する可能性があります。ドメインを似たような文字列にすることでユーザーを騙す詐欺が発生する可能性があるので、ドメインやネームスペースの有効期限に注意してください。

2-5 メタデータ

メタデータを付与する場合、アドレスやモザイクに対して独自のデータを付与できるので、アプリケーションの幅を広げることが可能です。たとえば、メタデータを使用すれば、DIDのような分散型アイデンティティなども実現できます。

Column DID（Decentralized Identifier）とは

分散型アイデンティティと呼ばれ、自分自身に関する情報を特定のID発行者に依存せずに証明する仕組みのことです。たとえば、大学が発行した卒業証書を学生が所有し、企業は学生から提示された証明書を大学が公表している公開鍵を元に検証します。

このやりとりにプラットフォームに依存する情報はありません。大学は学生の所有するアカウントに卒業証明のメタデータを発行でき、企業は大学の公開鍵と学生のモザイク（アカウント）所有証明を使うことで、メタデータに記載された卒業証明を検証できます。

2-5-1 アドレスにメタデータを付与する

メタデータを付与する場合は、メタデータのリポジトリを作成する必要があります。まずはファイルを作成します。

```
symbol-sdk-example$ touch metaDataAddAliceAddressSignOnlyAlice.ts
```

次のコードは、**metaDataAddAliceAddressSignOnlyAlice.ts**の抜粋です。重要なポイントを抜き出して解説します。

```
const metaRepo = repositoryFactory.createMetadataRepository();
```

次に、メタデータトランザクションのサービスを作成します。ここで先ほど作成したリポジトリが必要となります。

```
const metaService = new MetadataTransactionService(metaRepo);
```

metaServiceのインスタンスの**createAccountMetadataTransaction**メソッドを使用して、メタデータを付与します。このタイプでも、トランザクションを作成し、署名を行い、アナウンスするという流れになります。

```
  const tx = await firstValueFrom(metaService.createAccountMetadataTr
ansaction(
    undefined!,
    networkType,
    alice.address,
    key,value,
    alice.address,
    UInt64.fromUint(0)))
```

2-5-2 ソースコードと実行結果

次に示すURLで、完全なソースコードを取得できます。説明したコードで不足している部分は、完全なソースコードから補完してください。

https://github.com/symbol-books/symbol-basic/blob/main/chapter5/metaDataAddAliceAddressSignOnlyAlice.ts

実行結果は、次のようになります。

トランザクション詳細

タイプ:	アグリゲートコンプリート
ステータス:	承認済
ハッシュ:	4CC18B60DEB890468BE4613B235D521A15D3025FAEFE1B319A4CCD35575A077A
支払手数料:	0.0264 (XYM)
ブロック高:	569287
期限:	2023-06-22 01:17:06.884
Signer:	TABJ6AP5WNPZF2BEEN2WA6RFK7HR2VCQWXUU6UI
署名者公開鍵:	C57096FF4507B39B79F49EB486EBD5E1673B2448974C64231A23CB5BB6E78540
署名:	1745FA8240B84BACA68FB5D6E911425CFF3F5751ABC9D2A6A3EF89071E04CBF9B274B7E6AD3AC0CBB6F91C3EFD19D5534A5483A8CF49A6E6587B35AA54A70503

トランザクション詳細

送信者:	TABJ6AP5WNPZF2BEEN2WA6RFK7HR2VCQWXUU6UI
ターゲット:	TABJ6AP5WNPZF2BEEN2WA6RFK7HR2VCQWXUU6UI
バリューサイズデルタ:	6
バリューデルタ:	000000002D616C696365 (テキスト：-alice)
スコープ付きメタデータキー:	9772B71B058127D7

● 図2-18　アドレスにメタデータを付与する

```
symbol-sdk-example$ ts-node metaDataAddAliceAddressSignOnlyAlice.ts
Payload: 08010000000000001745FA8240B84BACA68FB5D6E911425CFF3F5751ABC9
D2A6A3EF89071E04CBF9B274B7E6AD3AC0CBB6F91C3EFD19D5534A5483A8CF49A6E65
87B35AA54A70503C57096FF4507B39B79F49EB486EBD5E1673B2448974C64231A23CB
5BB6E785400000000002984141206700000000000008C9EDFAE0400000033ACCDC0648
98DE8207B0DBA5E2A4047FD6246DB00E593684E1FDF67261F4D426000000000000000
5E00000000000000C57096FF4507B39B79F49EB486EBD5E1673B2448974C64231A23C
B5BB6E78540000000000198444198029F01FDB35F92E8242375607A2557CF1D5450B5
E94F51D72781051BB7729706000A00000000002D616C6963650000
Transaction Hash: 4CC18B60DEB890468BE4613B235D521A15D3025FAEFE1B319A4
CCD35575A077A
TransactionAnnounceResponse {
  message: 'packet 9 was pushed to the network via /transactions'
}
```

2-5-3 他のアドレスにメタデータを付与する

メタデータは、他人のアドレスにも付与することもできます。たとえば、AliceがBobに対してメタデータを付与したいときは、AliceとBobの署名が揃っていることが必要です。

まずはファイルを作成します。

```
symbol-sdk-example$ touch metaDataAddBobAddressSignAliceAndBob.ts
```

次のコードは、`metaDataAddBobAddressSignAliceAndBob.ts`の抜粋です。重要なポイントごとに抜き出して解説していきます。

```
const tx = await firstValueFrom(metaService
  .createAccountMetadataTransaction(
    undefined!,
    networkType,
    bob.address,
    key,
    value,
    alice.address,
    UInt64.fromUint(0)
))
```

このトランザクションで、「メタデータを付与したい」というトランザクションを作ることになります。あとはアグリゲートトランザクションでラップするだけです。

```
const aggregateTx = AggregateTransaction.createComplete(
  Deadline.create(epochAdjustment),
  [tx.toAggregate(alice.publicAccount)],
  networkType,
  []
).setMaxFeeForAggregate(100, 1);
const txRepo = repositoryFactory.createTransactionRepository();
```

署名する場合はBobのアカウントを使った内容も含めます（bobは秘密鍵から生成したアカウント）。

```
const signedTx = alice.signTransactionWithCosignatories(
  aggregateTx,
  [bob],
  networkGenerationHash
);
```

1 2 3 4 5 6 7 8 付録

2-5-4 ソースコードと実行結果

次に示すURLで、完全なソースコードを取得できます。説明したコードで不足している部分は、完全なソースコードから補完してください。

```
https://github.com/symbol-books/symbol-basic/blob/main/chapter5/
metaDataAddBobAddressSignAliceAndBob.ts
```

実行結果は、次のようになります。

● 図2-19　Bobのアドレスにメタデータを付与する

```
symbol-sdk-example$ ts-node metaDataAddBobAddressSignAliceAndBob.ts
Payload: 7001000000000000138E3DAE5E446119110E2A0B01700F6A622039A377DD
A2F36F8AA013073E81B1A0219EFEE8081AF500FA4405D5DDA783FABB52EC57C0E7F14
489862EF9A39804C57096FF4507B39B79F49EB486EBD5E1673B2448974C64231A23CB
5BB6E785400000000002984141C08F00000000000010C9E5AE04000000B1DAA196E66
F4C92B6D43550D793E4E2F2C77777D61CD57A3B79E6D59F3805DA6000000000000000
5C00000000000000C57096FF4507B39B79F49EB486EBD5E1673B2448974C64231A23C
B5BB6E785400000000001984441984FB756BB015CD4E65873288598917B718FFC0891
7BC172D72781051BB77297040008000000002D626F6200000000000000000000000
08FCE44AB3C4A1A9C37EE0C92116BE1A0D4369EF8BC62799335B722D7FA93661849E7
0A76CEB148E6E03688EDA26EB236C4F4C2B0A7AFF21A2F8C1D722ABBE7F6601D97309
8E5FFCB3BBA1A86C4C18D0A0A098B5C007CF9FB63A8A83E660D380B
Transaction Hash: 4E9D8B0838FCD1FD02F62EDB54FC63FA73D36566DB376F6A0F8
349359F6EE072
```

```
TransactionAnnounceResponse {
  message: 'packet 9 was pushed to the network via /transactions'
}
```

2-5-5 モザイクにメタデータを付与する

同様にモザイクにもメタデータを付与できます。この場合も、モザイクの発行者が署名する必要があります。

トランザクションを作成して、アグリゲートトランザクションでラップし、最後に署名して送信します。

まずはファイルを作成します。

```
symbol-sdk-example$ touch metaDataAddMosaic.ts
```

次のコードを**metaDataAddMosaic.ts**として作成します。

```
const tx = await firstValueFrom(metaService
  .createMosaicMetadataTransaction(
    undefined!,
    networkType,
    mosaicInfo.ownerAddress,
    mosaicId,
    key,
    value,
    alice.address,
    UInt64.fromUint(0)
  ))

const aggregateTx = AggregateTransaction.createComplete(
  Deadline.create(epochAdjustment),
  [tx.toAggregate(alice.publicAccount)],
  networkType,
  []
).setMaxFeeForAggregate(100, 0);
```

2-5-6 ソースコードと実行結果

次に示すURLで、完全なソースコードを取得できます。説明したコードで不足している部分は、完全なソースコードから補完してください。

```
https://github.com/symbol-books/symbol-basic/blob/main/chapter5/
metaDataAddMosaic.ts
```

実行結果は、次のようになります。

● 図2-20 モザイクにメタデータを付与する

```
symbol-sdk-example$ ts-node metaDataAddMosaic.ts
Payload: 1001000000000000FE936600B506C5CEC4191102865517E2DF0B8C333
2B7D7703B321995390E5581A2CBD04857114B42574003FD10A3A9D98C37531A21A
668E656774470D6CCF70EC57096FF4507B39B79F49EB486EBD5E1673B2448974C6
4231A23CB5BB6E78540000000000002984141406A000000000000D749E8AE0400000
01FD23281FA200194987FBCBD9254D7CB34F117080EFC64D86AF9CF399B2553F86
8000000000000006700000000000000C57096FF4507B39B79F49EB486EBD5E167
3B2448974C64231A23CB5BB6E785400000000000198444298029F01FDB35F92E82
42375607A2557CF1D5450B5E94F51E222A46A117E21CFC08CBC4F148FF07D0000
0B000000000000000000000000000
Transaction Hash: 3482C10BD899FFAE1B233AF44FC0A7B3D45628FC4DC5BC6883C
F93355247A351
TransactionAnnounceResponse {
  message: 'packet 9 was pushed to the network via /transactions'
}
```

2-5-7 ネームスペースにメタデータを付与する

ネームスペースも同様に、メタデータを付与できます。
まずはファイルを作成します。

```
symbol-sdk-example$ touch metaDataAddNamespace.ts
```

次のコードを**metaDataAddNamespace.ts**として作成します。

```
const tx = await firstValueFrom(metaService
  .createNamespaceMetadataTransaction(
    undefined!,
    networkType,
    namespaceInfo.ownerAddress,
    namespaceId,
    key,
    value,
    alice.address,
    UInt64.fromUint(0)
))
```

2-5-8 ソースコードと実行結果

次に示すURLで、完全なソースコードを取得できます。説明したコードで不足している部分は、完全なソースコードから補完してください。

https://github.com/symbol-books/symbol-basic/blob/main/chapter5/metaDataAddNamespace.ts

実行結果は、次のようになります。

保有ネームスペース ｜ ネームスペース作成 ｜ サブネームスペース作成

メタデータ追加　期限切れネームスペースを表示

Id	名前	有効期限	期限切れ	エイリアスタイプ	エイリアス
8185B2EE441B829D	opening-line	29 d 23 h 46 m	false	N/A	N/A
A998A72ACF49EE61	matsumoto	119 d 23 h 52 m	false	N/A	N/A
F8D224EC0AC5E735	kazumasa	59 d 23 h 51 m	false	N/A	N/A

● 図2-21　ネームスペースにメタデータを付与する

```
symbol-sdk-example$ ts-node metaDataAddNamespace.ts
Payload: 18010000000000003D21B4D9725CE5991A9E65A0D194966BED4CA40EDF2
690A7F945E2AFDB15336751324B4932C33381AFE624EFFE51F2F9CA8743BC319B4E6
C18F813B2D5D8760BC57096FF4507B39B79F49EB486EBD5E1673B2448974C64231A2
3CB5BB6E7854000000000002984141606D000000000000E3D3EAAE04000000184BB6A
68AF3F3B995A0B5E797DCB89DF7E9E4EA1EDF97139DECE8695DC032CD70000000000
000006A00000000000000C57096FF4507B39B79F49EB486EBD5E1673B2448974C642
31A23CB5BB6E78540000000000198444398029F01FDB35F92E8242375607A2557CF1
D5450B5E94F51D9D07308378A6A8B61EE49CF2AA798A90E000E00746573742D6E61
6D6573706163650000000000000
Transaction Hash: 34DA10A272B581D133CEE3796470D6FB336CEFF9FB2A4298B0C
8BAB805DD4217
TransactionAnnounceResponse {
  message: 'packet 9 was pushed to the network via /transactions'
}
```

2-5-9 メタデータを取得する

もちろん、付与したメタデータは取得できます。リポジトリからアドレスを指定してメタデータを取得します。

まずはファイルを作成します。

```
symbol-sdk-example$ touch checkMetadata.ts
```

次のコードを**checkMetadata.ts**として作成します。

```
  const res = await firstValueFrom(metaRepo
    .search({
```

```
    targetAddress: alice.address,
    sourceAddress: alice.address,
  }))
```

次に示すURLで、完全なソースコードを取得できます。説明したコードで不足している部分は、完全なソースコードから補完してください。

```
https://github.com/symbol-books/symbol-basic/blob/main/chapter5/checkMetadata.ts
```

実行結果は、次のようになります。

```
symbol-sdk-example$ ts-node checkMetadata.ts
{
  "data": [
    {
      "id": "644625C9B6C2E89D2DE9DFF2",
      "metadataEntry": {
        "version": 1,
        "compositeHash": "9AE0D052FEC649780BE706FF7CBDE72E04ACED54E23
2615BCB8ABEB79786A66A",
        "sourceAddress": {
                "address": "TABJ6AP5WNPZF2BEEN2WA6RFK7HR2VCQWXUU6UI",
                "networkType": 152
        },
        "targetAddress": {
                "address": "TABJ6AP5WNPZF2BEEN2WA6RFK7HR2VCQWXUU6UI",
                "networkType": 152
        },
        "scopedMetadataKey": {
                "lower": 92350423,
                "higher": 2540877595
        },
        "metadataType": 0,
        "value": "test-alice"
      }
    },
    ...以下略
```

このような形でデータを取得することができます。このコードが出力した結果は、指定したアドレス（この場合はAliceのアドレス）に関連するすべてのメタデータエントリを示しています。各エントリは、次のような情報を持っています。

- `id`：エントリのユニークな識別子
- `metadataEntry`：エントリの詳細情報を含んだオブジェクト
  - `version`：メタデータエントリのバージョン
  - `compositeHash`：メタデータエントリのハッシュ値
  - `sourceAddress`：メタデータを作成したアカウントのアドレス
  - `targetAddress`：メタデータが関連付けられたアカウントのアドレス
  - `scopedMetadataKey`：メタデータのキー
  - `metadataType`：メタデータのタイプ（`0`：アカウント、`1`：モザイク、`2`：ネームスペース）
  - `value`：メタデータの値
  - `targetId`（あれば）：メタデータが関連付けられたモザイクまたはネームスペースのID

また、各エントリの外側には、次のような情報があります。

- **data**：全てのメタデータエントリを格納した配列
- **pageNumber**：現在のページ番号（ページネーションが適用される場合）
- **pageSize**：1ページあたりの最大エントリ数（ページネーションが適用される場合）
- **isLastPage**：これが最終ページである場合は**true**

この出力結果を見ると、Aliceのアドレスには4つのメタデータエントリが関連付けられていることがわかります。各エントリは、それぞれ異なるキー、タイプ、値を持っています。また、**targetId**が存在するエントリは、モザイクまたはネームスペースに関連付けられています。

Column データサイズと表現

データの表現方法は、データサイズによって豊かになります。

たとえば、元々ピクセルアートから始まったデジタルアートは、今ではきめ細やかで洗練された描写も可能な4Kなどにまで発展しています。ピクセルアートの32×32pxの作品は、1,024個のピクセルで表現されています。現在、4Kの解像度では3,840×2,160pxの画像を作成できますが、8,294,400個のピクセルで構成されています。

このように多くの表現が可能になっているのは、データのサイズが大きくなったからです。ブロックチェーンも発展していくことにより、多くのデータ数を記録することが可能になり、より豊かな表現が可能になるでしょう。

2-6 ロック

アグリゲートトランザクションには、今まで説明してきたように全ての署名を集めた上でブロックチェーンにアナウンスする方法と、アナウンス後に必要な署名を集める方法の2の方法があり、後者は**アグリゲートボンデッドトランザクション**と呼ばれています。前者は署名者が自分だけの場合によく用いられ、後者は自分以外の署名が必要な場合に用いられます。

しかし、このアグリゲートボンデッドトランザクションが無制限に発行可能になっていると、相手の残高を奪うようなアグリゲートボンデッドトランザクションへの署名を求める詐欺的な行為のハードルが下がってしまい、ネットワークが混乱します。

そこで、後で取引関係者の署名を求めるようなアグリゲートボンデッドトランザクションの場合、事前に供託金として一定数のXYMをロックしなければならないという制約が設けられており、これによってネットワークの混乱を防いでいます。アグリゲートボンデッドトランザクションを送信して取引関係者に署名を求めるために、供託金として一定数のXYMをロックするトランザクションが、**ロックトランザクション**です。

トランザクションの順番としては、ロックトランザクション→アグリゲートトランザクションとなります。

では、その実装を見ていきましょう。まずはファイルを作成します。

2-6-1 トランザクションをアナウンスする

```
symbol-sdk-example$ touch aggregateBondedTransaction.ts
```

次のコードを`aggregateBondedTransaction.ts`として作成します。

```
  const lockResponse = await firstValueFrom(txRepo.announce(signedLoc
kTx)); // ——①
  console.log(lockResponse);

  // １ブロック分settimeoutするよ
  setTimeout(async () => { // ——②
    const txResponse = await firstValueFrom(txRepo // ——③
      .announceAggregateBonded(signedAggregateTx))
    console.log(txResponse);
    // １ブロック分settimeoutするよ
    setTimeout(async () => { / ——④
      const txInfo = await firstValueFrom(txRepo
        .getTransaction(signedAggregateTx.hash, TransactionGroup.Part
ial))
      const cosignatureTx = CosignatureTransaction.create(
        txInfo as AggregateTransaction
      );
      console.log(cosignatureTx);
      const singedCosTx = bob.signCosignatureTransaction(cosignature
Tx);
      console.log(singedCosTx);
      console.log("--------------------------------");
      await firstValueFrom(txRepo.announceAggregateBondedCosignature(
singedCosTx)) // ——⑤
      console.log("finish");
    }, 30000); // ——②
  }, 30000); // ——②
```

①では、ロックトランザクションをアナウンスしています。②(3カ所)では、自動的に署名されるように**setTimeout**を使っています。ハッシュロックトランザクションがブロックチェーンに承認される前にアグリゲートトランザクションをアナウンスしてしまうと失敗してしまうため、ハッシュロックトランザクションが承認されるまでに30秒～1分の待ち時間を入れ、確実に承認されてからアグリゲートトランザクションをアナウンスするようにしています。

③でアグリゲートトランザクションをアナウンスし、④でアグリゲートトランザクションの情報を取得します。このとき、②で指定した**setTimeout**の時間がポイントになります。

⑤で、アグリゲートトランザクションをBobのアカウントを使用して署名しています。

2-6-2 ソースコードと実行結果

次に示すURLで、完全なソースコードを取得できます。説明したコードで不足している部分は、完全なソースコードから補完してください。

```
https://github.com/symbol-books/symbol-basic/blob/main/chapter6/
aggregateBondedTransaction.ts
```

実行結果は長くなるため割愛しますが、デスクトップウォレットを観察していると、ロックトランザクションからアグリゲートトランザクションが承認される流れを確認できます。

2-6-3 シークレットロック

シークレットトランザクションでは、2つのアカウント上で2つの情報をやり取りする必要があります。1つはシークレット、1つはプルーフです。この意味がわかりにくいため、例え話を使って説明していきます。

●例え話：宝の地図

2人の友達、アリスとボブがいます。彼らは一緒に宝探しをすることにしました。アリスが貴重な宝を見つけましたが、その場所を秘密に保ちたいと考えたとします。

1. シークレットの生成：アリスは宝の場所を記した地図を作ります。この地図がシークレットです。そして、この地図を封筒に入れて封印します。
2. ロックの設定：アリスは封筒に特殊な鍵付きのロックをかけます。この鍵は、特定の言葉（プルーフ）によってのみ、開くようになっています。
3. シークレットロック：アリスはボブに封筒を渡しますが、開けるための鍵（プルーフ）は教えません。つまり、ボブは条件を満たすまで地図を見ることができません。
4. 条件の満足：ボブが約束した任務（例: 特定のクエストを完了するなど）を果たした後、アリスは鍵（プルーフ）をボブに渡します。
5. シークレットの開示：ボブはプルーフを使って封筒を開け、宝の場所を知ることができます。

これに沿ったコードを構築していきましょう。
では、まずはファイルを作成します。

```
symbol-sdk-example$ touch secretTxAndSecretProofTx.ts
```

次に示すコード群を**secretTxAndSecretProofTx.ts**として作成します。

```
import { sha3_256 } from "js-sha3"; // ──①
const random = Crypto.randomBytes(20); // ─┐
const hash = sha3_256.create(); //         ├─②
const secret = hash.update(random).hex(); //│
const proof = random.toString("hex"); // ──┘
console.log("secret:" + secret);
console.log("proof:" + proof);

const lockTx = SecretLockTransaction.create(
  Deadline.create(epochAdjustment),
  new Mosaic(new NamespaceId("symbol.xym"), UInt64.fromUi
nt(334000000)),
  UInt64.fromUint(480),
  LockHashAlgorithm.Op_Sha3_256,
  secret,
  bob.address,
  networkType,
).setMaxFee(100);
```

①では、シークレットの生成のために、ハッシュ関数ライブラリ（js-sha3）の各モジュールをインポートしています。また、シークレットとプルーフの関係は、次のようになっています。

- シークレットは、ランダムに生成されたプルーフの値からハッシュ関数を使用して生成される
- プルーフが後で正しいと証明されるためには、シークレットと一致する必要がある
- シークレットロックトランザクションでプルーフが提供されると、ロックが解除され、トランザクションが進行する。プルーフが間違っているか提供されない場合、ロックは解除されず、トランザクションはブロックされる

つまり、プルーフは、シークレットを解除するための鍵ということです。

③では、シークレットを用いてロックトランザクションを作成しています。

あとは、④でプルーフを渡してロックトランザクションを解除します。

それぞれの工程には、「トランザクションの作成」「署名」「アナウンス」が含まれています。

2-6-4 ソースコードと実行結果

次に示すURLで、完全なソースコードを取得できます。説明したコードで不足している部分は、完全なソースコードから補完してください。

```
https://github.com/symbol-books/symbol-basic/blob/main/chapter6/
secretTxAndSecretProofTx.ts
```

このコードを実行した結果は長くなるため、割愛します。

2-6-5 まとめ

シークレットロックトランザクションをアプリケーションで使用する場面はなかなかありませんが、現代の謎解きアドベンチャーゲームなどに活用できるかもしれません。

また、特定の鍵を保有していないと復元できないというセキュリティの高さは、今後のアプリケーションの活躍の場面を広げることになるでしょう。

Column アグリゲートトランザクションの詐欺に要注意

このようなロックトランザクションは、取引関係者が事後に各々で内容を確認した後に署名し、必要な署名が揃ったときに実行されるアグリゲートボンデッドトランザクションで利用されます。

その際、自分の残高が奪われる取引が含まれたアグリゲートボンデッドトランザクションを「よくわからない」ままにデスクトップウォレットで署名してしまって、残高が盗まれる事件が発生しました。

署名する際には、内容を確認し、自分のアドレスから他人のアドレスに対してXYMやその他のモザイクが不正に送られる契約ではないことを必ずチェックするようにしてください。

2-7

マルチシグについて

ここでは、**マルチシグ**（複数人署名）によるトランザクションについて説明していきます。

職場では「稟議書」によって承認を得る必要な場面があります。マルチシグは、稟議書の承認プロセスに相当すると考えればよいでしょう。日本社会では意思決定にさまざまな文化が付加されていますが、本来の稟議の意味である「複数人の承認を得る」という意味で、マルチシグについて説明します。

これまで作ってきたトランザクションは、ローカル環境でトランザクションを作成して、署名を実施し、ネットワークにアナウンスするという流れでした。

ここで取り組むマルチシグトランザクションは、次のような流れになります。

1. トランザクションを作成する
2. 署名を実施する
3. ネットワークにアナウンスする
4. 複数人の署名者に通知する
5. その他の署名者が署名を実施する
6. ネットワークにアナウンスする
7. 規定人数署名が実施される
8. トランザクションがブロックに取り込まれる

1.と2.は今回のコードで実施しますが、3.以降はデスクトップウォレットで確認します。なお、コードの作成を行う前に、連署を行うためのアカウントを作成しておく必要があります。「2-1-3　ソースコードと実行結果」「2-1-4　デスクトップウォレットでのアカウントのインポート」の手順に従って、CarolとDavitのアカウントを追加で作成してから先に進んでください。

注意：マルチシグトランザクションでは有効期限が切れてしまうと「なかったこと」になります。注意してください。

2-7-1 マルチシグアカウントの作成

マルチシグトランザクションを作成するには、マルチシグ専用のアカウントが必要です。マルチシグアカウントを作成するには、**MultisigAccountModificationTransaction**を使用します。ここでは、Davitをマルチシグアカウント化しBobとCarolを構成アカウントとして定義します。

まずはファイルを作成します。

```
symbol-sdk-example$ touch createMultisigAccount.ts
```

次のコードを**createMultisigAccount.ts**として作成します。

```
const multisigTx = MultisigAccountModificationTransaction.create(
  undefined!,
  2,
  2,
  [bob.address, carol.address],
  [],
  networkType,
);
```

このコードで重要な部分は、「**2, 2**」となっているところです。**MultisigAccountModificationTransaction.create**の定義を次に示します。

```
MultisigAccountModificationTransaction.create(deadline: Deadline, min
ApprovalDelta: number, minRemovalDelta: number, addressAdditions: Unr
esolvedAddress[], addressDeletions: UnresolvedAddress[], networkType:
NetworkType, maxFee?: UInt64, signature?: string, signer?: PublicAcco
unt): MultisigAccountModificationTransaction
```

これからわかるように、2番目と3番目の引数であるminApprovalDeltaとminRemovalDeltaが、それぞれ2となっています。この数字は、マルチシグアカウントの署名者の数を表しています。つまり、この場合、承認するのに必要な署名者の数（minApprovalDelta）を2としているので通常の取引には2人の署名者が必要で、削除の処理に必要な署名者の数（minRemovalDelta）を2としているので既存の署名者を無効化するような処理にも2人の署名者が必要ということになります。

2-7-2 ソースコードと実行結果

次に示すURLで、完全なソースコードを取得できます。説明したコードで不足している部分は、完全なソースコードから補完してください。ただし、ソースコード中のdavitPrivateKeyは手数料分のXYMが必要になるので、フォーセットもしくは送金トランザクションで手数料分のXYMを保有しておいてください。

```
https://github.com/symbol-books/symbol-basic/blob/main/chapter7/
createMultisigAccount.ts
```

すでにマルチシグ化しているアカウントで実行すると、「Failure_Multisig_Operation_Prohibited_By_Account」というエラーが発生します。また、手数料分のXYMが入金されていない場合は「Failure_Core_Insufficient_Balance」というエラーになります。

```
symbol-sdk-example$ ts-node createMultisigAccount.ts
0C50B7A1347F7E32FF49B6A03417EBCDB7C4D5321E0FA410EB7819DBEB1A8477
Error: Failure_Multisig_Operation_Prohibited_By_Account
    at /Users/matsumotokazumasa/sokushu-symbol-ts-node/node_modules/
symbol-sdk/src/service/TransactionService.ts:145:27
    at /Users/matsumotokazumasa/sokushu-symbol-ts-node/node_modules/
rxjs/src/internal/operators/map.ts:58:33
    at OperatorSubscriber._this._next (/Users/matsumotokazumasa/
sokushu-symbol-ts-node/node_modules/rxjs/src/internal/operators/Opera
torSubscriber.ts:70:13)
    at OperatorSubscriber.Subscriber.next (/Users/matsumotokazumasa/
```

```
sokushu-symbol-ts-node/node_modules/rxjs/src/internal/Subscriber.
ts:75:12)
    at /Users/matsumotokazumasa/sokushu-symbol-ts-node/node_modules/
rxjs/src/internal/operators/throwIfEmpty.ts:50:22
    at OperatorSubscriber._this._next (/Users/matsumotokazumasa/
sokushu-symbol-ts-node/node_modules/rxjs/src/internal/operators/Opera
torSubscriber.ts:70:13)
    at OperatorSubscriber.Subscriber.next (/Users/matsumotokazumasa/
sokushu-symbol-ts-node/node_modules/rxjs/src/internal/Subscriber.
ts:75:12)
    at /Users/matsumotokazumasa/sokushu-symbol-ts-node/node_modules/
rxjs/src/internal/operators/take.ts:60:26
    at OperatorSubscriber._this._next (/Users/matsumotokazumasa/
sokushu-symbol-ts-node/node_modules/rxjs/src/internal/operators/Opera
torSubscriber.ts:70:13)
    at OperatorSubscriber.Subscriber.next (/Users/matsumotokazumasa/
sokushu-symbol-ts-node/node_modules/rxjs/src/internal/Subscriber.
ts:75:12)
```

したがって、この場合であれば、新しくアカウントを作成してDavitの秘密鍵を置き換えます。

2-7-3 成功した場合

davitPrivateKeyを置き換えて、問題なく実行できた場合、次のような出力になります。

```
symbol-sdk-example$ ts-node createMultisigAccount.ts
16E5260A03AF916027DA892A3B7C1AD438149CBD90A62D46B1446346F96264DA
AggregateTransaction {
  type: 16961,
  networkType: 152,
  version: 2,
  deadline: Deadline { adjustedValue: 20326367581 },
  maxFee: UInt64 { lower: 58400, higher: 0 },
  signature: '47739A0667AE730A79772B19B60215F917FFAD59DC865E4567057EE
1B84C4D784B664232D47695D4933130F94690A0ED6C420F76E7CC0811AC6299A9C614
880A',
  signer: PublicAccount {
    publicKey: '293940C73917C6E9CFCFAA999FBD892123ACD0DF03FEFE8CA268C
```

```
4F563D90591',
    address: Address {
      address: 'TCAHLVTVGA3DRJ3X6LI3TQK7YTZRAXVQF5JOTVA',
      networkType: 152
    }
  },
  transactionInfo: TransactionInfo {
    height: UInt64 { lower: 0, higher: 0 },
    index: undefined,
    id: undefined,
    timestamp: UInt64 { lower: 0, higher: 0 },
    feeMultiplier: 0,
    hash: '16E5260A03AF916027DA892A3B7C1AD438149CBD90A62D46B1446346F9
6264DA',
    merkleComponentHash: '0000000000000000000000000000000000000000
000000000000000000000'
  },
  payloadSize: undefined,
  innerTransactions: [
    MultisigAccountModificationTransaction {
      type: 16725,
      networkType: 152,
      version: 1,
      deadline: [Deadline],
      maxFee: [UInt64],
      signature: '47739A0667AE730A79772B19B60215F917FFAD59DC865E45670
57EE1B84C4D784B664232D47695D4933130F94690A0ED6C420F76E7CC0811AC6299A9
C614880A',
      signer: [PublicAccount],
      transactionInfo: undefined,
      payloadSize: undefined,
      minApprovalDelta: 2,
      minRemovalDelta: 2,
      addressAdditions: [Array],
      addressDeletions: []
    }
  ],
  cosignatures: []
}
```

これらの情報の全てが、`AggregateTransaction`の成功の証となります。トランザクションの確認やデバッグにも役立つので、保存しておきましょう。

● 図2-22　成功した場合

デスクトップウォレットで、アグリゲートボンデットのトランザクションを確認できます。デスクトップウォレットでCarolとBobが署名すると、マルチシグトランザクションになります。

トランザクション詳細
タイプ: アグリゲートボンデッド
ステータス: パーシャル
ハッシュ: 16E5260A03AF916027DA892A3B7C1AD438149CBD90A62D46B1446346F96264DA
最大手数料: (XYM)
期限: 2023-06-24 12:20:34.581
Signer: TCAHLVTVGA3DRJ3X6LI3TQK7YTZRAXVQF5JOTVA
署名者公開鍵: 293940C73917C6E9CFCFAA999FBD892123ACD0DF03FEFE8CA268C4F563D90591
署名: 47739A0667AE730A79772B19B60215F917FFAD59DC865E4567057EE1B84C4D784B664232D47695D4933130F94690A0ED6C420F76E7CC0811AC6299A9C614880A
トランザクション詳細
MinApprovalDelta: 2
MinRemovalDelta: 2
追加済み連署者 (1/2): TBH3OVV3AFONJZSYOMUILGERPNYY77AISF54C4Q
追加済み連署者 (2/2): TA6LZRBVFW2NDWJSMSEXBWOWSGFNFOV6KNBNZ4I
取引は元に戻すことができないため、すべての金額と受取人のアドレスを慎重に確認してください。
パスワード: プロファイルのパスワードを入力　確認

● 図2-23　Bobの署名

● 図2-24　Carolの署名

トランザクション詳細

タイプ:	アグリゲートボンデッド
ステータス:	承認済
ハッシュ:	16E5260A03AF916027DA892A3B7C1AD438149CBD90A62D46B1446346F96264DA
支払手数料:	0.0 (XYM)
ブロック高:	576254
期限:	2023-06-24 12:20:34.581
Signer:	TCAHLVTVGA3DRJ3X6LI3TQK7YTZRAXVQF5JOTVA
署名者公開鍵:	293940C73917C6E9CFCFAA999FBD892123ACD0DF03FEFE8CA268C4F563D90591
署名:	47739A0667AE730A79772B19B60215F917FFAD59DC865E4567057EE1B84C4D784B664232D47695D4933130F94690A0ED6C420F76E7CC0811AC6299A9C614880A

トランザクション詳細

MinApprovalDelta:	2
MinRemovalDelta:	2
追加済み連署者 (1/2):	TBH3OVV3AFONJZSYOMUILGERPNYY77AISF54C4Q
追加済み連署者 (2/2):	TA6LZRBVFW2NDWJSMSEXBWOWSGFNFOV6KNBNZ4I

● 図2-25　署名が揃った状態

このような手順で、マルチシグトランザクションを実施していきます。

2-7-4　マルチシグトランザクションを用いた送信

ここでは、先ほど作成したマルチシグアカウントを用いてマルチシグトランザクションを実行します。マルチシグアカウントは自ら署名すること（シングルシグ）ができなくなり、連署アカウントの署名（マルチシグ）によってのみ、トランザクションを発生させることができるアカウントです。

Davitは現在マルチシグアカウントになっているので、Davitの秘密鍵を使ってもトランザクションに署名ができません。しかし、BobとCarolの秘密鍵の署名によってDavitのアカウントからトランザクションを実行できます。

ここでは、Bobのアカウントでマルチシグトランザクションを作成し、Carolの署名が揃ったらトランザクションをブロックに取り込ませることができるという状態まで持っていきます。

まずはファイルを作成します。

```
symbol-sdk-example$ touch sendMultisigTransaction.ts
```

次のコードを**sendMultisigTransaction.ts**として作成します。

```
//                                                              ①
  const transferTransaction = TransferTransaction.create(
    Deadline.create(epochAdjustment!),
    alice.address,
    [
      new Mosaic(
        networkCurrencyMosaicId,
        UInt64.fromUint(10 * Math.pow(10, networkCurrencyDivisibili
ty))
      ),                              ],
    PlainMessage.create("sending 10 symbol.xym multisig"),
    networkType!
  );
//
  const aggregateTransaction = AggregateTransaction.createBonded(
    Deadline.create(epochAdjustment!),
    [transferTransaction.toAggregate(davit.publicAccount)],
    networkType!,
    [],
    UInt64.fromUint(2000000)
  );
//
  const signedTransaction = bob.sign(
    aggregateTransaction,
    networkGenerationHash!                      ③
  );                                                            ②
//
```

```
listener.open().then(() => {  ─┐
  transactionService           │
    .announceHashLockAggregateBonded(
      singedHashLockTransaction,
      signedTransaction,
      listener
    )                          ├─④
    .subscribe(
      (x) => console.log(x),
      (err) => console.log(err),
      () => listener.close()
    );
});                           ─┘
```

①は、Aliceのアドレスに対してトランザクションを実行するコードです。実際に送信するのはDavitのアカウントの残高から送信するので、アグリゲートボンデットトランザクションを作成します（②)。

③では、BobはDavitのアグリゲートトランザクションの署名者1なので、Bobの秘密鍵を使って署名を行います。④では、上から順にアナウンスされていきます。アグリゲートトランザクションを実施する際にはまず、ハッシュロックトランザクションを実施する必要があります。

その後に先ほどのアグリゲートトランザクションをアナウンスします。すると、Carolがまだ署名していない状態のアグリゲートトランザクションが完成するので、Carolの署名が揃うとブロックに取り込まれるという流れです。

● 図2-26　アグリゲートトランザクション

● 図2-27　Carolによる署名

トランザクション詳細

タイプ:	アグリゲートボンデッド
ステータス:	承認済
ハッシュ:	B8E0B7D7D8CAFD535399844A5C3A9E97FE68F0768C54CB0EC8F074C4842B62FF
支払手数料:	2 (XYM)
ブロック高:	576796
期限:	2023-06-24 16:54:39.522
Signer:	TBH3OVV3AFONJZSYOMUILGERPNYY77AISF54C4Q
署名者公開鍵:	8FCE44AB3C4A1A9C37EE0C92116BE1A0D4369EF8BC62799335B722D7FA936618
署名:	360DBD379ED593E724319B69934857C50014E10A42B33BCD6AEA5DA636011AAED47672639EB5D5B6E6A6099ABAE2F4C2 0BF8FB2AEFD8BE6177967A559E1A330F

トランザクション詳細

送信者:	TCZYLNV7CRTI2AAWUENQ6UHCFWSBIGRVTANIU4A
宛先:	TABJ6AP5WNPZF2BEEN2WA6RFK7HR2VCQWXUU6UI
モザイク (1/1):	10 (XYM)
メッセージ:	sending 10 symbol.xym multisig

● 図2-28　署名完了

2-7-5 ソースコードと実行結果

次に示すURLで、完全なソースコードを取得できます。説明したコードで不足している部分は、完全なソースコードから補完してください。

```
https://github.com/symbol-books/symbol-basic/blob/main/chapter7/
sendMultisigTransaction.ts
```

このコードは、Symbolネットワークへのアグリゲートトランザクションの送信を試みるものです。これには、ハッシュロックトランザクションとアグリゲートトランザクションの2つの部分が含まれます。

次に示した実行結果の初めの部分は、ハッシュロックトランザクションの署名結果を表示しています。

```
B8E0B7D7D8CAFD535399844A5C3A9E97FE68F0768C54CB0EC8F074C4842B62FF ――①
--------------------------------
2801000000000000360DBD379ED593E724319B69934857C50014E10A42B33BCD6AEA5┐
DA636011AAED47672639EB5D5B6E6A6099ABAE2F4C20BF8FB2AEFD8BE6177967A559E
1A330F8FCE44AB3C4A1A9C37EE0C92116BE1A0D4369EF8BC62799335B722D7FA93661
80000000002984142808441E00000000006AAF86BC040000007A40324877CD5B1EAA6F
6D7C17A372FEB0F38219F0F4C0A6FBF9E3BF536D2F2C8000000000000000007F0000000
00000009DCA6B5162A2466CFFA01D31FACC31CABF065568A78680E47CB1C879B4202B
AD00000000000000CE8BA0672E21C07280969800000000000000073656E64696E6720313
02073796D626F6C2E78796D206D756C746973696700 ――――――――――――――┘
                                                          ②
```

```
AggregateTransaction {
  type: 16961,
  networkType: 152,
  version: 2,
  deadline: Deadline { adjustedValue: 20342812522 },
  maxFee: UInt64 { lower: 2000000, higher: 0 },
  ...
  innerTransactions: [
    TransferTransaction {
      ...
      recipientAddress: [Address],
      mosaics: [Array],
      message: [PlainMessage]
    }
  ],
  cosignatures: []
}
```
③

①の長い文字列はトランザクションのハッシュです。これはトランザクションの一意の識別子になります。次に、署名されたペイロードが表示されます(②)。これはトランザクションの内容を符号化したもので、このデータがブロックチェーンに記録されます。

続いて、アグリゲートトランザクションの内容が表示されています（③)。これはJavaScriptのオブジェクトとして表示されており、それぞれのプロパティがトランザクションの異なる要素を表しています。

2-7-6 まとめ

マルチシグトランザクションでは、複数人が意思決定に関わることが重要です。しかし、判子やサインによる署名文化の社会においてトランザクションによる署名に信頼性を持たせるには、トランザクションが有効であるという共通認識や法的な根拠が必要です。

これは、技術的なことではなく、新しい仕組みを信頼するかどうかという問題なので、まずは家族や友人同士の意思決定などに使うのがよいかもしれません（最近流行りの同意書などにも使用できるでしょう)。

Column 複数人署名の使い方

筆者は、法的に単独での支払いが難しい人々を支援するため、複数人による署名を必要とする支払いシステムを開発しています。

以前、障碍者支援施設のグループホームで働いていたときに知ったのですが、知的障碍を持つ人は単独で一定額以上の商品を購入することができず、商品の予約と商品の購入日にガイドヘルパーサービスを予約し、一緒に購入しに行かなければならないのです。

知的障碍者とガイドヘルパーを連署者とした1 of 2のマルチシグ構成を活用した支払いシステムを開発することで購入までの流れを簡略化できると考え、3ステップウォレットを開発し、自分が働いていたグループホームで実証実験を行いました。

詳しい話は、次に示したMediumの記事を参照してください。

https://medium.com/opening-line/3ステップウォレットについて-201558af7f38

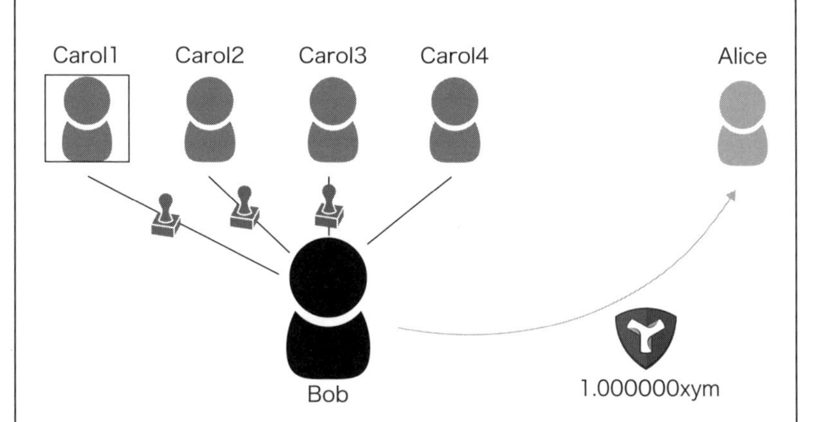

●マルチシグアカウント化（3 of 4）

複数人署名は、このように責任の所在を分散させたり移譲させたりするときに使用できます。事前に合意したことを実現するために、複数人署名は今後も使われていくでしょう。

2-8 監視

ここではトランザクションの状態を監視します。Symbolでは、**リスナー**と呼ばれる機能を活用し、トランザクションを状態をリアルタイムに検知することで監視を行います。リスナーを実行することにより、トランザクションの状態を確認できます。たとえば、ロックトランザクションの状態を確認するというように使われます。

アグリゲートトランザクションでは、ロックトランザクションなしにアグリゲートトランザクションをアナウンスしてしまうと、トランザクションがブロックに取り込まれなくなるので、このような監視の機能が必要になってきます。

2-8-1 リスナーの実行

リスナーを実施するためには、次のリスナークラスが必要です。

まずはファイルを作成します。

```
symbol-sdk-example$ touch listenerAggregateBondedTransaction.ts
```

次のコードは、**listenerAggregateBondedTransaction.ts**の抜粋です。重要なポイントごとに抜き出して解説していきます。

```
const listener = new Listener(wsEndpoint, nsRepo, WebSocket);
```

WebSocketのエンドポイント、ネームスペースのリポジトリ、**WebSocket**のクラスを引数に渡しています。

```
  listener.open().then(() => {
    listener
```

```
      .aggregateBondedAdded(bob.address)
      .subscribe(async (tx) => console.log("こいつ動くぞ", tx));

    listener
      .aggregateBondedAdded(carol.address)
      .subscribe(async (tx) => console.log("こいつも動くんかな？",
tx));
  });
```

このメソッドを実行すると、状態監視が開始されます。ただし、実行しても何も表示されません。

```
symbol-sdk-example$ ts-node listenerAggregateBondedTransaction.ts
```

この「何も表示されない」のが「待機中」という状態です。

では、「2-7-5　ソースコードと実行結果」で作成したマルチシグトランザクションを、再度、別のシェルで実行してみましょう。そうすると、このマルチシグトランザクションはBobの署名に基づくアグリゲートトランザクションになるため、次に示したような出力になります。

```
symbol-sdk-example$ ts-node listenerAggregateBondedTransaction.ts
こいつ動くぞ AggregateTransaction {
  type: 16961,
  networkType: 152,
  ...以下アグリゲートトランザクションの内容
```

「2-7-5 ソースコードと実行結果」で実行したコードのBobでの署名をCarolの署名に置き換えてアグリゲートボンデットトランザクションを実行しても、同様の出力結果になります。

```
こいつも動くんかな？ AggregateTransaction {
  type: 16961,
  networkType: 152,
  version: 2,
  ...以下アグリゲートトランザクションの内容
```

このように、アグリゲートトランザクションが実行されるのを確認するといった用途に利用できます。

2-8-2 ソースコード

次に示すURLで、完全なソースコードを取得できます。説明したコードで不足している部分は、完全なソースコードから補完してください。

```
https://github.com/symbol-books/symbol-basic/blob/main/chapter8/listenerAggregateBondedTransaction.ts
```

2-8-3 トランザクションの監視

同様に、トランザクションを監視していきます。

先ほどはBobやCarolのアグリゲートボンデットトランザクションを監視していました。次は、Aliceの承認済みトランザクションと未承認トランザクションが監視可能になります。

まずはファイルを作成します。

```
symbol-sdk-example$ touch listenerTransaction.ts
```

次のコードを**listenerTransaction.ts**として作成します。

```
listener.open().then(() => {
  listener.confirmed(alice.address).subscribe((tx) => {
    console.log("承認済みトランザクション", tx);
  });

  listener.unconfirmedAdded(alice.address).subscribe((tx) => {
    console.log("未承認トランザクション", tx);
  });
});
```

2-8-4 ソースコードと実行結果

次に示すURLで、完全なソースコードを取得できます。説明したコードで不足している部分は、完全なソースコードから補完してください。

```
https://github.com/symbol-books/symbol-basic/blob/main/chapter8/listenerTransaction.ts
```

リスナーは、Aliceのアドレスについて承認済みと未承認のトランザクションを監視します。それぞれのトランザクションが追加されたときに、それをログに出力します。

このコードを用いて、ブロックチェーンネットワークからリアルタイムのトランザクション情報を監視し、取得することが可能です。

次のように別のシェルでコマンドを実行して、トランザクションを待ちます。

```
symbol-sdk-example$ ts-node listenerTransaction.ts
未承認トランザクション TransferTransaction {
  type: 16724,
  networkType: 152,
  version: 1,
  ...トランザクションの詳細
承認済みトランザクション TransferTransaction {
  type: 16724,
  networkType: 152,
  version: 1,
  ...トランザクションの詳細
```

なお、Aliceへの送信のトランザクションが発生するまでは何も表示されないので、Aliceがトランザクションを発生させる「2-2-2　ソースコードと実行結果」で作成したコードを、さらに別のシェルで実行してください。

トランザクションは、ネットワークの中で「未承認」から「承認済み」に変更されます。つまり、トランザクションをアナウンスした状態では未承認トランザクションで、トランザクションが取り込まれたブロックが承認されると承認済みになるという流れです。

2-8-5 ブロックの監視

同様にして、ブロックの監視も可能です。

たとえば、ノードを運用している、もしくはアプリで使用しているノードが最新状態なのかどうかは、基軸のノードとブロック数を比較することによって確認できます。

まずはファイルを作成します。

```
symbol-sdk-example$ touch listenerBlock.ts
```

次のコードを**listenerBlock.ts**として作成します。

```
  listener.open().then(() => {
    listener
      .newBlock()
      .subscribe((block) => console.log("新しく生成されたブロック",
block));
  });
```

このように新しいブロックを監視すると、ブロックが承認される間隔（30秒程度）でログが表示されます。

2-8-6 ソースコードと実行結果

次に示すURLで、完全なソースコードを取得できます。説明したコードで不足している部分は、完全なソースコードから補完してください。

https://github.com/symbol-books/symbol-basic/blob/main/chapter8/listenerBlock.ts

```
symbol-sdk-example$ ts-node listenerBlock.ts
新しく生成されたブロック NewBlock {
  hash: 'DFEBA81D9853D4829C8708D33725A12282203C230AAE1F640C894FDCBE1A
6BF7',
  generationHash: 'C9A02A9EEB1F389AB843EEE83A8C5A5C639BBCBF912E369E6F
```

```
4CB80057AE7546',
  signature: 'E44C426ED088CFB016BC030951D58E023561B77DD600D1CA068C1
23D970D6B727FEF8D42CA59F9075F0758B882095E2335D95CFB468C5EB3FF68F98
2A1975203',
  ...ブロックに関する詳細
```

2-8-7 まとめ

このように、トランザクションやブロックを監視する技術は、どのアプリケーションでも必須の項目です。たとえば、トレーサビリティのアプリケーションでは、トランザクションの監視を実施することによって、記録があった場合のリアルタイムな情報反映が可能になります。

本章の最初では、**setTimeout**を使って実施していましたが、ここでは**listener**を使用することで、時間によってブロックの取り込みができなくなるのを気にせずに、最適化されたアプリケーションを作成できます。

2-9 アカウントの制限

ここでは、Symbolネットワーク上でアカウント制限トランザクションを作成し、発行する一連の処理を解説します。アカウント制限トランザクションを使うことで、アカウントが送受信できるトランザクションの種類やモザイク(Symbolネットワーク上の資産)、他のアカウントとのインタラクションを制限できます。

コードを作成する事前準備として、制限をかけるアカウントを作成してデスクトップウォレットにインポートしておきます。「2-1-3　ソースコードと実行結果」「2-1-4　デスクトップウォレットでのアカウントのインポート」の手順に従って、**restrictedAccount**を作成してください。

2-9-1 アカウントに対する受信制限

Symbolネットワーク上でアカウント制限トランザクションを作成し、そのアカウントからの受信トランザクションを制限する処理を解説します。特定のアカウントからの受信を制限することで、そのアカウントとの交流を制御できます。

まずはファイルを作成します。

```
symbol-sdk-example$ touch restrictAddress.ts
```

次のコードを**restrictAddress.ts**として作成します。

```
const tx =
  AccountRestrictionTransaction.createAddressRestrictionModificationT
ransaction(
    Deadline.create(epochAdjustment!),
    AddressRestrictionFlag.BlockIncomingAddress,
```

```
    [bob.address],
    [],
    networkType!
  ).setMaxFee(100);
```

AccountRestrictionTransaction.createAddressRestrictionModificationTransactionメソッドを使用して、アカウント制限トランザクションを作成しています。このトランザクションでは、Bobのアカウントから制限を設定するアカウントへのトランザクション送信を制限し、最大手数料は**100**に設定しています。

このコードを実行すると、制限を設定するアカウントによって、Bobのアカウントから制限を設定するアカウントに対してのトランザクション送信を不可とする制限が設定されます。これにより、Bobのアカウントは、制限を設定するアカウントへの送信を行うことができなくなります。

また、次に示すURLで、完全なソースコードを取得できます。説明したコードで不足している部分は、完全なソースコードから補完してください。

https://github.com/symbol-books/symbol-basic/blob/main/chapter9/restrictAddress.ts

Bobからトランザクションを送信しようとしても、図2-29のようなエラーが表示されます。

トランザクションに関係するアドレスが相互作用することを許可されていないため、検証に失敗しました

● 図2-29　ボブからの送信

2-9-2 アカウントに対するモザイク受信制限

Symbolネットワーク上でアカウント制限トランザクションを作成して、そのアカウントが特定のモザイクを使用することを制限する手法を説明します。これにより、そのアカウントは制限されたモザイクを使用できなくなります。

まずはファイルを作成します。

```
symbol-sdk-example$ touch restrictMosaic.ts
```

次のコードを**restrictMosaic.ts**として作成します。

```
  const mosaicId = new MosaicId("72C0212E67A08BCE");  //この部分を2-3で作成したモザイクのIDを指定する
  const tx = AccountRestrictionTransaction.createMosaicRestrictionModificationTransaction(
    Deadline.create(epochAdjustment),
    MosaicRestrictionFlag.BlockMosaic,
    [mosaicId],
    [],
    networkType,
  ).setMaxFee(100);
```

AccountRestrictionTransaction.createMosaicRestrictionModificationTransactionメソッドを使用して、モザイク制限トランザクションを作成しています。このトランザクションでは、制限を設定するアカウントが、特定のモザイク（この場合は**72C0212E67A08BCE**）の使用をブロックしています。この部分を「2-3　モザイクの作成と送信」で作成したモザイクのIDに置き換えてコードを作成してください。

署名されたトランザクションをSymbolネットワークに発行（アナウンス）しています。この操作により、制限を設定するアカウントは指定したモザイクを使用できなくなります。

次に示すURLで、完全なソースコードを取得できます。説明したコードで不足している部分は、完全なソースコードから補完してください。

https://github.com/symbol-books/symbol-basic/blob/main/chapter9/restrictMosaic.ts

デスクトップウォレットでAliceから**restrictedAccount**に対して制限をかけたモザイクを送付すると、次のように制限されていることが表示されます。

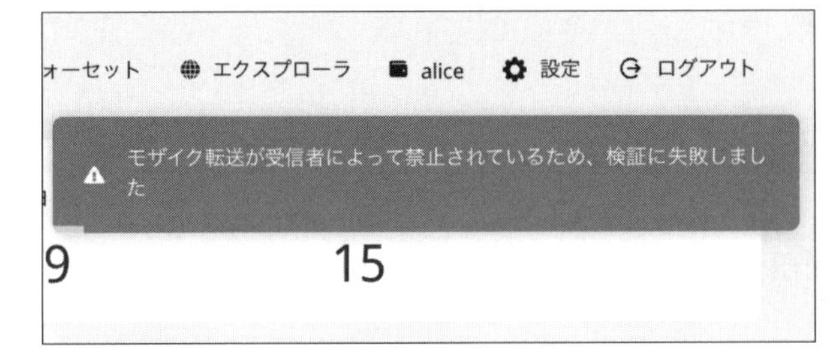

● 図2-30　モザイク転送が失敗

2-9-3 アカウントに対するトランザクションの制限

指定のアカウントに対して、実行できるトランザクションの種類を制限できます。

まずはファイルを作成します。

```
symbol-sdk-example$ touch restrictOpration.ts
```

次のコードを**restrictOpration.ts**として作成します。

```
const tx =
  AccountRestrictionTransaction.createOperationRestrictionModificatio
nTransaction(
    Deadline.create(epochAdjustment!),
    OperationRestrictionFlag.AllowOutgoingTransactionType,
    [TransactionType.ACCOUNT_OPERATION_RESTRICTION],
    [],
    networkType!
  ).setMaxFee(100);
```

AccountRestrictionTransaction.createOperationRestrictionModificationTransactionメソッドを使用して、アカウント制限トランザクションを作成しています。このトランザクションでは送信可能なトランザクションの種類に対する制限を設定しており、**ACCOUNT_OPERATION_RESTRICTION**トランザクションのみを許可しています。また、最大手数料は**100**に設定しています。そして、署名されたトランザクションをSymbolネットワークに発行（アナウンス）しています。

このコードを実行すると、**restrictedAccount**のアカウントに対して**ACCOUNT_OPERATION_RESTRICTION**トランザクションのみを許可するという制限が設定されます。これにより、**restrictedAccount**は他の種類のトランザクション（つまり、全てのトランザクションの実行）ができなくなります。

● 図2-31　アカウント制限

実際に**restrictedAccount**からAliceに対して送信します。そうすると、図2-32のようなエラーが表示されます。

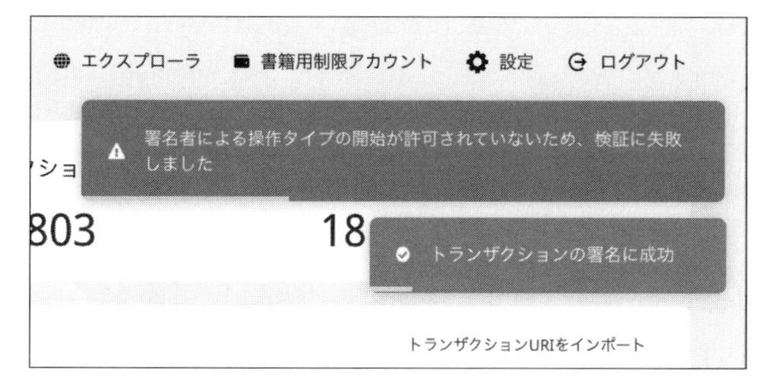

● 図2-32　結果

このように、送信に対して制限をかけることができるようになります。

次に示すURLで、完全なソースコードを取得できます。説明したコードで不足している部分は、完全なソースコードから補完してください。

```
https://github.com/symbol-books/symbol-basic/blob/main/chapter9/
restrictOpration.ts
```

2-9-4 モザイクに対する制限

Symbolブロックチェーン上で新しいモザイクを作成し、その供給量を増やして、全体的な制限を設定する手法を説明します。複数のトランザクションを1つにまとめて処理する機能を提供するアグリゲートトランザクションの中に含まれています。

まずはファイルを作成します。

```
symbol-sdk-example$ touch globalMosaic.ts
```

次に示したコードは、**globalMosaic.ts**の抜粋です。重要なポイントごとに抜き出して解説していきます。

```
  const nonce = MosaicNonce.createRandom();
  const mosaicDefTx = MosaicDefinitionTransaction.create(
    undefined!,
    nonce,
    MosaicId.createFromNonce(nonce, alice.address),
    MosaicFlags.create(supplyMutable, transferable, restrictable, rev
okable),
    0,
    UInt64.fromUint(0),
    networkType,
  );
```

新しいモザイクを作成するためのトランザクションを作成しています。モザイクIDは、ランダムに生成された**nonce**とモザイク作成者（Alice）のアドレスから計算されます。作成されるモザイクの特性（供給可変性、譲渡可能性、制約可能性、取消可能性）は**MosaicFlags.create()**によって設定されます。

さらに、作成したモザイクの供給量を増やすトランザクションを作成しています。供給量は**1000000**に設定されています。

```
  const mosaicChangeTx = MosaicSupplyChangeTransaction.create(
    undefined!,
    mosaicDefTx.mosaicId,
```

```
    MosaicSupplyChangeAction.Increase,
    UInt64.fromUint(1000000),
    networkType,
  );
```

そして、作成したモザイクに対する全体的な制限を設定するトランザクションを作成しています。ここでは、キーとして**KYC**を使用し、制限タイプとして等号（**EQ**）を指定しています。該当モザイクを使用する際に、特定の条件（ここではキーと値が等しい場合）を満たす必要があることを意味しています。

```
  const key = KeyGenerator.generateUInt64Key("KYC");
  const mosaicGlobalResTx = await firstValueFrom(mosaicResService
    .createMosaicGlobalRestrictionTransaction(
      undefined!,
      networkType,
      mosaicDefTx.mosaicId,
      key,
      "1",
      MosaicRestrictionType.EQ
  ));
```

これまでに作成した3つのトランザクション（モザイク定義、モザイク供給変更、モザイク全体制限）を1つのアグリゲートトランザクションにまとめています。これにより、これらのトランザクションは一括して処理されます。

```
  const aggregateTx = AggregateTransaction.createComplete(
    Deadline.create(epochAdjustment),
    [
      mosaicDefTx.toAggregate(alice.publicAccount),
      mosaicChangeTx.toAggregate(alice.publicAccount),
      mosaicGlobalResTx.toAggregate(alice.publicAccount),
    ],
    networkType,
    []
  ).setMaxFeeForAggregate(100, 0);
```

このトランザクションがブロックチェーンに書き込まれると、新しいモザイクが作成され、その供給量が増え、全体的な制限が設定されます。

次に示すURLで、完全なソースコードを取得できます。説明したコードで不足している部分は、完全なソースコードから補完してください。

```
https://github.com/symbol-books/symbol-basic/blob/main/chapter9/globalMosaic.ts
```

2-9-5 制限モザイクの送信

Symbolブロックチェーン上でモザイクアドレス制限トランザクションを作成して発行する例を解説します。具体的には、AliceとBobのアドレスに対して制限付きモザイクを送受信できるような操作を行っています。

まずはファイルを作成します。

```
symbol-sdk-example$ touch globalMosaicTx.ts
```

次のコードを**globalMosaicTx.ts**として作成します。

Aliceのアドレスに対するモザイクアドレス制限トランザクションを作成し、署名を行い、ネットワークに発行しています。このトランザクションは、特定のモザイク（ここでは**mosaicId**で指定）について、Aliceのアドレスに対する制限を設けます。制限のキーは**KYC**、設定値は**1**としています。

```
  const mosaicId = new MosaicId("22881E7231616043");  //この部分を
2-9-3で作成したモザイクのIDを指定する
  const aliceMosaicAddressResTx = MosaicAddressRestrictionTransacti
on.create(
    Deadline.create(epochAdjustment),
    mosaicId,
    KeyGenerator.generateUInt64Key("KYC"),
    alice.address,
    UInt64.fromUint(1),
    networkType,
    UInt64.fromHex("FFFFFFFFFFFFFFFF")
  ).setMaxFee(100);
```

```
  const signedTx = alice.sign(aliceMosaicAddressResTx, networkGenerat
ionHash);
  const txRepo = repositoryFactory.createTransactionRepository();
  const response = await firstValueFrom(txRepo.announce(signedTx))
  console.log(response);
```

同様に、Bobのアドレスに対するモザイクアドレス制限トランザクションを作成し、署名を行い、ネットワークに発行しています。

```
  const bobMosaicAddressResTx = MosaicAddressRestrictionTransaction.
create(
    Deadline.create(epochAdjustment),
    mosaicId,
    KeyGenerator.generateUInt64Key("KYC"),
    bob.address,
    UInt64.fromUint(1),
    networkType,
    UInt64.fromHex("FFFFFFFFFFFFFFFF")
  ).setMaxFee(100);
  const signedTx2 = alice.sign(bobMosaicAddressResTx, networkGenerati
onHash);
  const response2 = await firstValueFrom(txRepo.announce(signedTx2))
  console.log(response2);
```

これらの操作により、特定のモザイクについてAliceとBobのアドレスに対する制限が設定されます。

次に示すURLで、完全なソースコードを取得できます。説明したコードで不足している部分は、完全なソースコードから補完してください。

```
https://github.com/symbol-books/symbol-basic/blob/main/chapter9/
globalMosaicTx.ts
```

デスクトップウォレットで「2-9-3　アカウントに対するトランザクションの制限」で作成した制限付きモザイクをAliceからBobに送った場合、エラーなく送信できます。

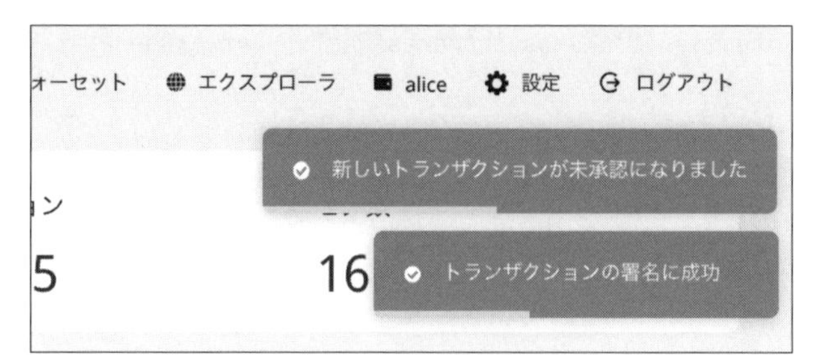

● 図2-33　制限付きモザイク転送の成功

しかし、Aliceからこのモザイクの送受信を許可していないCarolに対して送信すると、制限がかかっているため受け取れません。

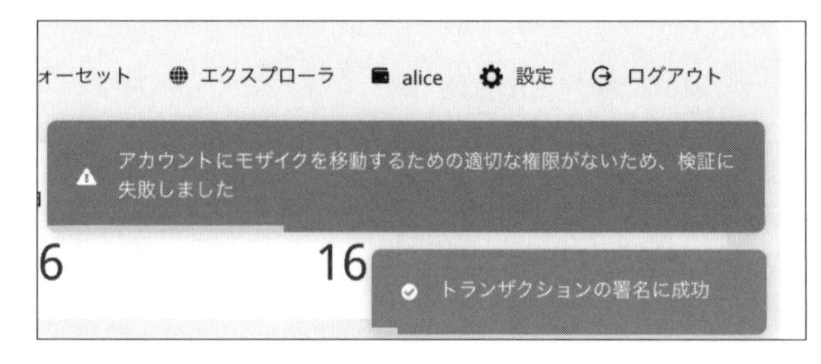

● 図2-34　モザイク転送の失敗

2-9-6 まとめ

●ブロックチェーンの応用と制約

ブロックチェーン技術の特性は、これからの社会に重要な役割を果たします。透明性、分散性、不変性などの特性は、高度な信頼性と法的整合性を提供します。しかし、特定の要件や制限を満たすためには、ブロックチェーンの柔軟性も必要となります。本項では、Symbolブロックチェーンの「アカウント制限」と「グローバルモザイク制限」を活用して、モザイク（ブロックチェーン上のアセット）の挙動を柔軟にコントロールする方法について解説しました。

●アカウントバーン

アカウントバーンは、特定のアカウントが他の全てのアカウントからの送信を拒否する方法です。Symbolでは、`AllowIncomingAddress`オプションを使用して、指定したアドレスからの送信のみを許可できます。この設定により、アカウントは特定のアドレスからの送信のみを受信し、それ以外のアドレスからの送信を全て拒否する状態を作り出せます。その結果、秘密鍵を持っていても自己での操作が困難なアカウントを明示的に作成することが可能となります。ただし、手数料を0に設定したノードによってトランザクションが承認される可能性もあるため、その可能性は完全にゼロではありません。

●モザイクロック

モザイクロックは、特定のモザイクをロック（非移動化）する方法です。Symbolでは、譲渡不可設定のモザイクを配布した後で、配布元のアカウントで受取拒否を設定すれば、そのモザイクをロックすることが可能です。

●所属証明

所属証明は、特定のコミュニティや組織への所属を証明するための方法です。Symbolでは、グローバルモザイク制限を活用して、KYC（顧客の身元確認）が済んだアカウント間のみでモザイクが所有・流通できるような設定が可能です。これにより、特定の所有者のみが所属できる独自経済圏を構築できます。

このように、ブロックチェーンの特性を理解し、適切な制限と制約を設定することで、さまざまな用途に合わせたアプリケーションの開発と社会実装が可能になります。それぞれのテクニックを理解し、適切に活用することで、ブロックチェーンの可能性を最大限に引き出すことができます。

Column アカウント制限は適切に！

アカウント制限機能は、「特定のトランザクションを受け付けない」「特定のアドレスからしかトランザクションを受け付けない」といったように自由に設定できます。筆者は、アカウントの残高がある状態でXYMを送受信できない設定をしてしまって、冷や汗をかいた経験をしています。

このような制限を実施する際には「必ず」失っても問題ない残高でテストを行い、慣れていくところからスタートして段階を踏み、本格運用に移行していくとよいでしょう。

2-10 オフライン署名について

ここでは、アグリゲートトランザクションのオフライン署名について説明します。

これまでは「ロックトランザクション」→「アグリゲートトランザクション」に署名という方式を取っていましたが、ここでは「全ての署名を集める」→「アナウンス」という流れになります。このようにすることでロックトランザクションが不要になるため、誰が手数料を負担するかという問題も解決できます。

2-10-1 アグリゲートトランザクションのオフライン署名

アグリゲートトランザクションを作成するところまでは同じなのですが、このコードは結論から見ていくと学習しやすいので、まずは何をアナウンスするのかというところから始めましょう。

まずはファイルを作成します。

```
symbol-sdk-example$ touch offlineSignedTx.ts
```

次に示すコードは、**offlineSignedTx.ts**の抜粋です。重要なポイントごとに抜き出して解説していきます。

まずアナウンスするのは、署名済みトランザクションと呼ばれるものです。

```
new SignedTransaction(payload: string, hash: string, signerPublicKey:
string, type: TransactionType, networkType: NetworkType): SignedTrans
action
```

SignedTransactionは、**payload**と**hash**と署名者の公開鍵、トランザクションのタイプ、ネットワークの種類が必要です。それぞれの引数で一番複雑なのは、**signedPayload**です。**signedHash**はAliceの署名したハッシュで、署名者の公開鍵はAliceの公開鍵です。**recreatedTx**は作成途中の**signedPayload**を使用して作成します。

```
const recreatedTx = TransactionMapping.createFromPayload(signedPaylo
ad);
```

signedPayloadを作成する流れを確認していきましょう。
まず、Aliceが署名したトランザクションをペイロード化します。

```
let signedPayload = signedTx.payload;
```

Bobがペイロードに連署を行い、AliceとBobの署名済み**TX**を新しく作成します（そもそも、このトランザクションにはBobの署名が必要だったため、Aliceが発行したトランザクションに連署します）。

```
  const bobSignedTx = CosignatureTransaction.signTransactionPayload(
    bob,
    signedPayload,
    networkGenerationHash!
  );
```

最終的にAliceのアカウントでアナウンスするため、**signature**と**signerPublicKey**をBobからAliceへと渡します。

```
  const bobSignedTxSignature = bobSignedTx.signature;
  const bobSignedTxSignerPublicKey = bobSignedTx.signerPublicKey;
```

Aliceが受け取った**Signature**と**signerPublicKey**を使って、連署済みトランザクションを作成します。

```
const cosignSignedTxs = [
    new CosignatureSignedTransaction(
      signedHash,
```

```
    bobSignedTxSignature,
    bobSignedTxSignerPublicKey
  ),
];
```

Hint

注意：Txsと配列形式にしているのは、連署者が複数人であることを想定しているからです。ここではBobのみですが、2人以上の連署者がいる場合もあります。

signedPayloadに連署済みトランザクションのバージョンと公開鍵と**signature**を追加します。

```
cosignSignedTxs.forEach((cosignedTx) => {
  signedPayload +=
    cosignedTx.version.toHex() +
    cosignedTx.signerPublicKey +
    cosignedTx.signature;
});
```

次にパディング部分である**littleEndianSize**を作成します。**signedPayload**の先頭に必要になります。

```
const size = `00000000${(signedPayload.length / 2).toString(16)}`;
const formatedSize = size.substr(size.length - 8, size.length);
const littleEndianSize =
  formatedSize.substr(6, 2) +
  formatedSize.substr(4, 2) +
  formatedSize.substr(2, 2) +
  formatedSize.substr(0, 2);
```

signedPayloadの先頭の不要な部分を削除して**littleEndianSize**を付与します。

```
signedPayload = littleEndianSize + signedPayload.substr(8, signedPa
yload.length - 8);
```

最後に、署名済みトランザクションをまとめてネットワークにアナウンスします。

```
const signedTxAll = new SignedTransaction(
  signedPayload,
  signedHash,
  alice.publicKey,
  recreatedTx.type,
  recreatedTx.networkType,
);

const txRepo = repositoryFactory.createTransactionRepository();
const response = await firstValueFrom(txRepo.announce(signedTxAll))
console.log(response);
```

2-10-2 補足

Aliceが署名した**singedTx**と、次のコードで途中で生成した**recreatedTx**は同じ内容になります。

```
let signedTx = alice.sign(aggregateTx, networkGenerationHash!);
```

Payloadは今回ローカルで改変されていくため、Aliceの署名を残しておくという意味合いもあり、Alice署名時のペイロードから復元したという流れになります。

```
const recreatedTx = TransactionMapping.createFromPayload(signedPaylo
ad);
```

2-10-3 ソースコードと実行結果

次に示すURLで、完全なソースコードを取得できます。説明したコードで不足している部分は、完全なソースコードから補完してください。

```
https://github.com/symbol-books/symbol-basic/blob/main/
chapter10/offlineSignedTx.ts
```

実行結果は割愛します。デスクトップウォレットでは、アグリゲートトランザクションが発行されていることが確認できます。

Column トランザクションの名称

オフライン署名で集めたトランザクションを「アグリゲートコンプリートトランザクション」と呼び、オンライン署名で集めたトランザクションを「アグリゲートボンデットトランザクション」と呼びます。

アグリゲートトランザクションには「集め方」が存在し、すべて集めてアナウンスすると（コンプリート）、まだ揃っていない状態でアナウンスすると（ボンデット）という意味合いとなるわけです。

2-11 検証について

「嘘を嘘と見抜ける」仕組みが、検証です。

ブロックチェーンの特徴の1つは、「改竄が困難でありながら検証が可能」ということにあります。

2-11-1 アカウントの検証

本節では、アカウントの検証のみを解説します。

YouTube動画では、メタデータの検証などを詳細に解説しています。

●検証方法

マークルパトリシアツリーを利用して、トランザクションに紐付くアカウントやメタデータの存在を検証します。

サービス提供者がマークルパトリシアツリーを提供すれば、利用者は自分の意志で選択したノードを使ってその真偽を検証できます。マークルパトリシアツリーでの検証は葉と枝のハッシュを検証します。

葉のハッシュ値の作成方法は、次のとおりです。

まずはファイルを作成します。

```
symbol-sdk-example$ touch accountInfoVerify.ts
```

次のコードは、**accountInfoVerify.ts**の抜粋です。重要なポイントごとに抜き出して解説していきます。

```
//葉のハッシュ値取得関数
const getLeafHash = (encodedPath, leafValue) => {
  const hasher = sha3_256.create();
```

```
  return hasher
    .update(Convert.hexToUint8(encodedPath + leafValue))
    .hex()
    .toUpperCase();
};
```

同様に、枝のハッシュ値の作成方法は、次のとおりです。

```
//枝のハッシュ値取得関数
const getBranchHash = (encodedPath, links) => {
  const branchLinks = Array(16).fill(Convert.uint8ToHex(new Uint8Arr
ay(32)));
  links.forEach((link) => {
    branchLinks[parseInt(`0x${link.bit}`, 16)] = link.link;
  });
  const hasher = sha3_256.create();
  const bHash = hasher
    .update(Convert.hexToUint8(encodedPath + branchLinks.join("")))
    .hex()
    .toUpperCase();
  return bHash;
};
```

重要なのはこの部分で、**treeRootHash**は、元をたどると**aliceStateHash**（**aliceInfo**をハッシュ化したもの）です。この**aliceStateHash**から葉のハッシュを取得します。葉のハッシュから枝のハッシュを最後までたどっていくと、**treeRootHash**になります。これは計算したルートハッシュです。

```
console.log(treeRootHash === rootHash);
```

そして、もう1つはブロックのヘッダーにあるルートハッシュを取得します。

```
const rootHash = blockInfo.data[0].stateHashSubCacheMerkleRoots[0];
```

最後に、「この2つのハッシュ値が同じであればよい」というのが検証の一連の流れです。

Column ハッシュとは？

「ハッシュ（hash）」とは、日本語では「要約値」と訳されており、元のデータを不可逆的な文字列に変換する技術です。

同じデータからは同じハッシュ値が生成され、元のデータに何かしら変更があれば異なるハッシュ値が生成されるため、これを利用して改竄を検知することが可能です。

変更がないかを1つずつチェックするのは大変なので、要約したデータを利用して改竄されていないことを確認します。

2-11-2 ソースコードと実行結果

次に示すURLで、完全なソースコードを取得できます。説明したコードで不足している部分は、完全なソースコードから補完してください。

```
https://github.com/symbol-books/symbol-basic/blob/main/
chapter11/accountInfoVerify.ts
```

実行結果は、次のようになります。

```
symbol-sdk-example$ ts-node accountInfoVerify.ts

true
true
```

2-11-3 まとめ

ブロックチェーンが保持する全ての情報は、ブロックヘッダーのハッシュ値によって検証できるという特性を利用しています。全員が共有して認識を合わせるブロックヘッダーとフルノードの存在によって、ブロックチェーンは成り立ちます。しかし、その全てを常に検証し続けることは、現実的に困難です。

そこで提案される解決策が、信頼できる機関からブロードキャストされる最新のブロックヘッダーの活用です。これによって検証の手間を大きく省くことができ、ブロックチェーンの能力を超えた環境でも信頼できる情報へのアクセスが可能となります。たとえば、人口密度の高い都市部や基地局の設置が困難な僻地、さらには災害時の広域ネットワーク遮断時などでも、安定した情報アクセスが可能となります。

そうすることで、プラットフォーマーへの依存度合いと検証の負荷を減らしながら、高い信頼性を持った Web環境、つまりトラステッドウェブの実現が期待できます。トラステッドウェブとは、プラットフォーマーへの依存をなくし、手間のかかる全ての情報の検証を必要とせずにWebを利用できる環境のことを指します。

Column マークルパトリシアツリーとは

この内容はかなり難解で、それを理解するだけで1冊の書籍が書けるボリュームになるので、ここではその基本となっている「マークルツリー」の解説をします。

マークルツリーとは、二分木で構成されるツリーで、それぞれの葉や枝の部分はハッシュ値で構成されています。隣同士の葉であるハッシュ値同士を加えて、そのデータをさらにハッシュ化して枝となり、それを再起的に行うことで最終的にルートのハッシュ値を算出できます。この葉の部分で何かしらの変更があれば、ルートのハッシュ値が変わります。これを利用して、膨大な量のデータに対して改竄が行われたかどうかの検出ができるという仕組みです。

Symbolブロックチェーンでは、1つのトランザクションごとにハッシュ値が記録されており、それがマークルツリーの葉として定義されています。1つのブロックに格納されるトランザクション同士でマークルツリーを構成し、最終的に1つのブロックに1つのルートのハッシュ値が記録されます。このブロックのハッシュ値が過去のブロックのハッシュ値とつながり、全てのトランザクションに対して改竄がないことを検証できます。

ただし、このトランザクションというのは、アカウントの残高情報やモザイクの詳細情報、メタデータやネームスペースの詳細情報は含んでいないので、同じようにアカウントごと、メタデータ、モザイク、ネームスペースなどのカテゴリごとにツリーを作成し、それぞれに改竄がないことをハッシュ値とツリー構造を使ってルートのハッシュ値を計算し、ブロックに記録しています。

この各カテゴリごとのツリーに使われている技術が、マークルパトリシアツリーです。

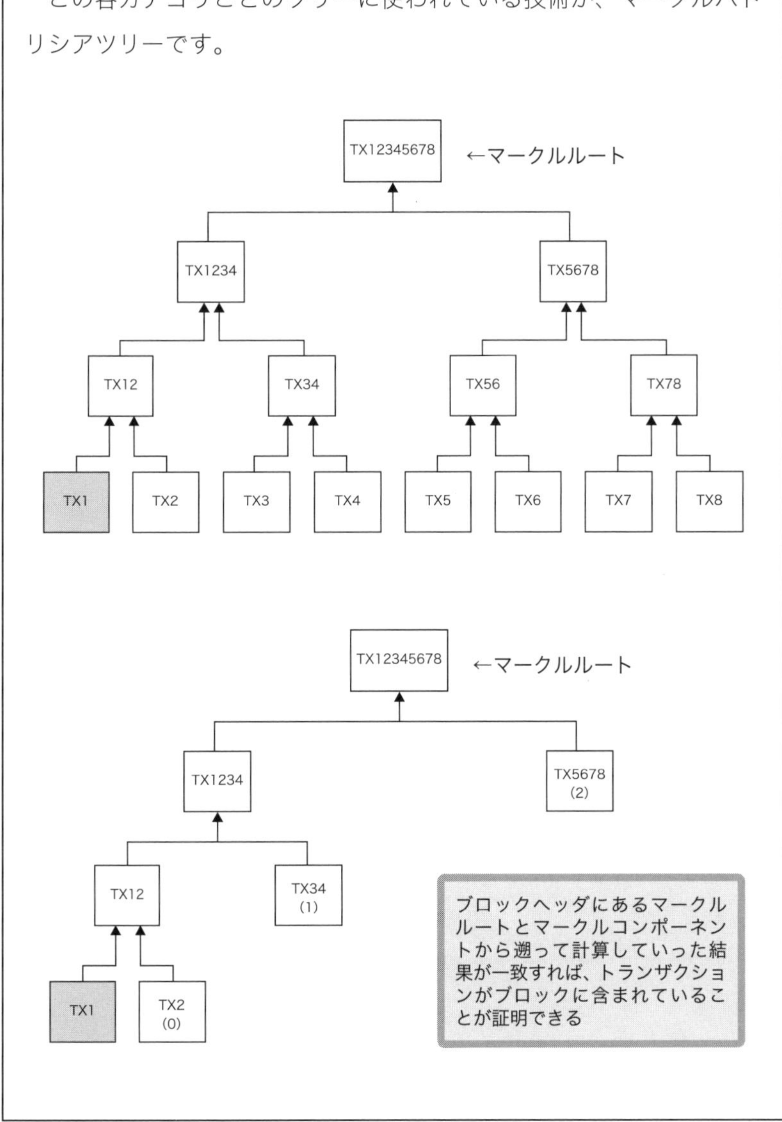

第3章

ブロックチェーンを使った
実践的なサービスのロジックを学ぶ

大切なのは、疑問を持ち続けることだ。
好奇心には存在する理由がある。

— アルバート・アインシュタイン（物理学者）

コードが書けるようになっても、実際にどのようなシチュエーションでそれが使われるかイメージしにくいこともあるでしょう。本章では、ブロックチェーンが実際にどのような領域で使われているかを見ていきます。

3-1 スマートコントラクトとは

スマートコントラクトとは、プログラム化された契約のことで、一連の命令に基づいて自動的に実行されます。ブロックチェーン技術を用いて作成され、その透明性と不変性により、契約条件が満たされたときに自動的に処理を行います。

3-1-1 スマートコントラクトを考える上でのポイント

スマートコントラクトの設計に当たっては、契約の透明性、セキュリティ、効率性が特に重要なポイントとなります。

契約の透明性は、ブロックチェーンの不変性と公開性によって実現されます。セキュリティは、スマートコントラクトが外部の干渉を受けずに正確に実行されることを保証します。また、効率性は、スマートコントラクトが自動的に実行され、人間が介在することなく迅速に取引が完了することによって担保されています。

3-1-2 スマートコントラクトのアーキテクチャで注意するポイント

スマートコントラクトのアーキテクチャでは、セキュリティとガス消費の効率が特に重要です。セキュリティは、スマートコントラクトが外部の干渉を受けずに正確に実行されることを保証します。スマートコントラクトの実行には、通常、仮想通貨（ガス）が必要であり、その消費量はスマートコントラクトの複雑さや実行時間に依存します。

3-1-3 スマートコントラクトでのチケット交換のアーキテクチャ

チケット交換のスマートコントラクトでは、チケットの所有権を移転するトランザクションと、チケットの所有権を受け取るトランザクションが同時に行われます。Symbolのアグリゲートトランザクションを利用すると、内包されるトランザクションに1つでもエラーや不整合があった場合、全てのトランザクションが実行されません。これにより、片方だけが実行されたものの他方が実行されないという不整合が発生することを防ぎます。また、チケットとしてNFTが使用される場合、それぞれのNFTは一意のIDを持ち、これにより二重販売などの不正を防止できます。

たとえば、チケットとお金を交換するようなイメージです。

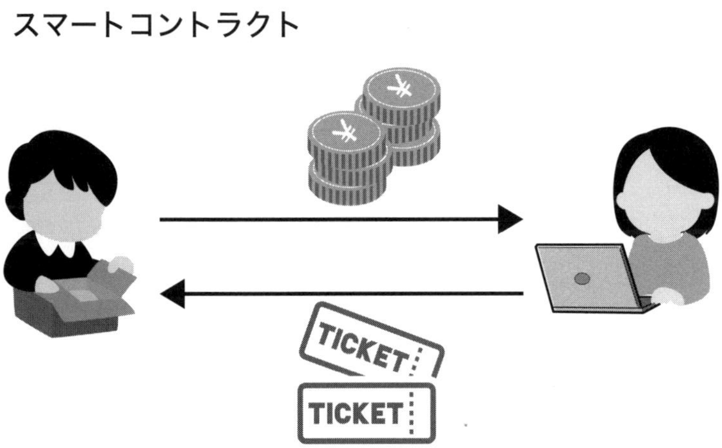

● 図3-1　チケット交換のイメージ

3-2 NFT

3-2-1 NFTとは

NFTは「Non-Fungible Token」の略で、ブロックチェーン技術を用いた一種のデジタルアセット（資産として価値のあるデジタルデータ）です。各トークンが固有の情報を持つという特性から「非代替性トークン」と呼ばれ、これにより個々のNFTはユニークな価値を持ちます。NFTはブロックチェーンの分散型技術によって、所有権の証明や取引履歴が不変で透明に管理されます。

3-2-2 現在のNFTの種類

現在のNFTは、デジタルアート、音楽、ゲーム内アイテム、バーチャル不動産など、多岐にわたって利用されています。そのうち、デジタルアートでの利用は特に注目を集め、多額の取引が行われています。また、一部の音楽家は音楽やコンサートのチケットをNFTとして発行し、新たな収益源としています。

● 図3-2　デジタルアートのNFT利用の例（Murakami.Flowers＊1）

＊1　https://murakamiflowers.kaikaikiki.com/

3-2-3 FTとNFTの違い

FT（Fungible Token）は、「代替可能なトークン」と訳されますが、NFTと対比される概念であり、各トークンが同一の価値を持つという特性があります。BitCoinやEthereumなどの仮想通貨が代表的なFTです。これに対して、NFTは各トークンがユニークな価値を備えているため、独自の価値を持つことが可能になります。

3-2-4 NFTのアーキテクチャ

NFTのアーキテクチャは、主にEthereumのERC-721[*2]やERC-1155[*3]といったスタンダードに基づいています。これらは、NFTを作成、取引するための標準的なインターフェイスを定義しており、これに従ってNFTが作られます。また、これらのスタンダードにより、異なるプラットフォーム間でのNFTの互換性が保たれています。

Symbolブロックチェーンでも、これらの概念をベースにした独自のNFTを発行することが可能です。このアーキテクチャのおかげで、NFTはブロックチェーン上で取引され、その所有権を確認でき、不変性も保証されます。これによって、たとえば従来の土地の「権利書」をNFT化することが可能になります。

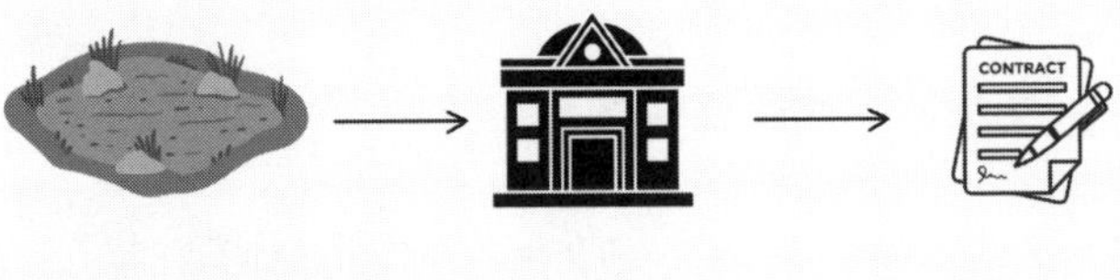

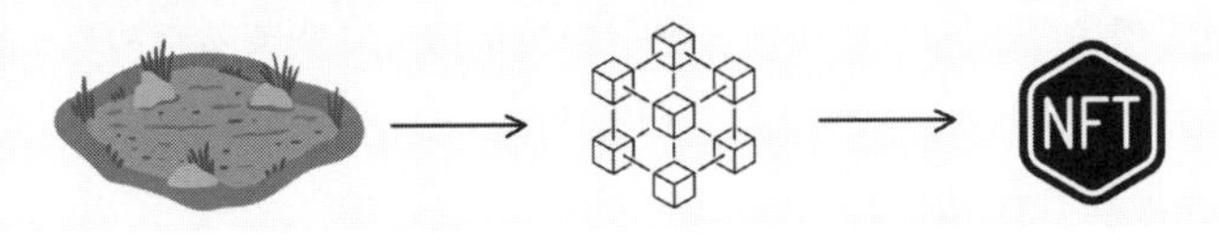

● 図3-3 土地の権利書とNFT

＊2 https://ethereum.org/en/developers/docs/standards/tokens/erc-721
＊3 https://ethereum.org/en/developers/docs/standards/tokens/erc-1155

3-3 アポスティーユ

3-3-1 アポスティーユとは

アポスティーユ（apostille）は、ブロックチェーン技術を活用し、デジタルデータの所有権と真正性を証明するためのプロトコルです。データのハッシュをブロックチェーンに記録して、そのデータが特定の時点で存在し、改竄されていないことを証明します。このようなアポスティーユの機能は、重要な文書の電子化やデジタルアートの真正性確認など、多くのアプリケーションで利用されます。

3-3-2 アポスティーユを考える上でのポイント

アポスティーユを考える際のポイントは、データの信頼性と不変性です。ブロックチェーン技術を利用することでデータが改竄されていないことを確認し、その所有権を証明することが可能です。また、特定のデータが特定の時点で存在していたことを証明するためのタイムスタンプ機能も重要です。

3-3-3 アポスティーユのユースケース

アポスティーユは、さまざまなユースケースで利用されています。たとえば、重要な契約文書や証明書の電子化に使われることがあります。また、デジタルアートやNFTのようなデジタルアセットの真正性を証明するためにも使用されます。さらに、アポスティーユは、研究データや報告書の不変性を保証するためのツールとしても使用されます。

3-3-4 アポスティーユのアーキテクチャ

アポスティーユのアーキテクチャは、データのハッシュ値を生成し、それをブロックチェーンに記録するというプロセスから成り立っています。ユーザーはデータをアポスティーユサービスに提供し、サービスはそのデータからハッシュ値を計算します。次に、そのハッシュ値をブロックチェーンに記録します。このブロックチェーンへの記録は、そのデータが存在し、改竄されていないことを証明するものであり、それらを参照することでデータの真正性を確認できます。

つまり、アポスティーユは、ファイルの情報をブロックチェーンに書き込むイメージで、データの真正性や存在証明はブロックチェーンの特徴をそのまま活かしています。

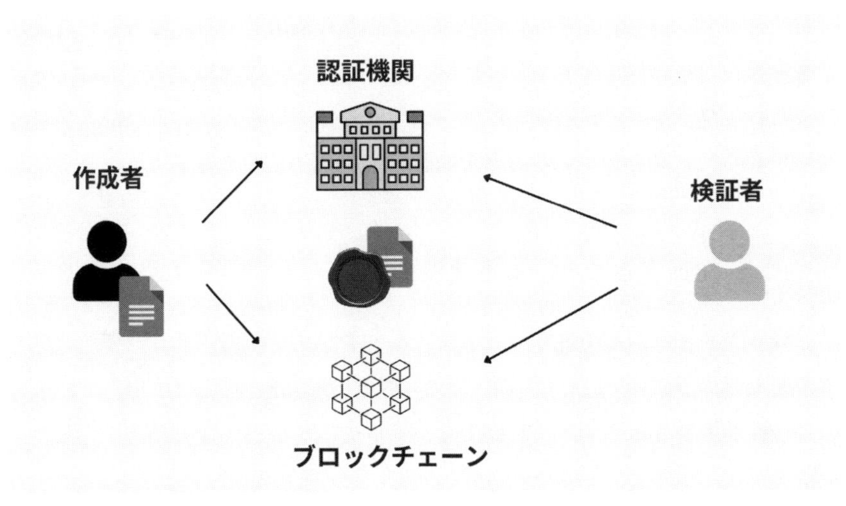

●図3-4　アポスティーユのイメージ

3-4 検証

3-4-1 検証とは

ブロックチェーンのコンテキストにおける「検証」(verification) とは、ネットワークの一部であるノードが取引やブロックの真正性を確認するプロセスを指します。このプロセスはブロックチェーンの中核的な機能であり、そのデータの一貫性と安全性を保証します。取引は署名とともに送信され、ノードはそれを検証して、送信者がその取引の作成に必要な権限を持っていることを確認します。

また、ブロックはその内部の取引が全て有効であること、および前のブロックに正しくリンクされていることを検証します。

3-4-2 検証することによる効果

ブロックチェーンの検証プロセスは、ネットワークの透明性と信頼性を高める重要な要素です。検証によって取引の信頼性が確認され、ブロックチェーンの整合性が維持されます。これにより、二重支払いや不正取引を防ぐことができます。

また、検証は全てのノードが同じブロックチェーンの状態を共有し続けるために必要です。これにより、ネットワーク全体の信頼性が向上します。

3-4-3 検証する上で重要なこと

検証する際の重要な要素は、取引の署名の検証とブロックの検証です。取引の署名検証では、取引を作成した人がその取引に関連する秘密鍵の所有者であることを確認します。ブロックの検証では、新しく追加されるブロックが前のブロックに正しくリンクされていること、そしてそのブロック内の全ての取引が有効であることを確認します。

3-4-4 検証のアーキテクチャ

検証のアーキテクチャは、取引の検証とブロックの検証の2つの主要な部分から成り立っています。取引の検証は、署名の検証と取引の形式の検証を含みます。ブロックの検証は、前のブロックへのリンクの検証と、そのブロック内の取引の検証を含みます。これらのプロセスは、ブロックチェーンの整合性と安全性を維持するために必要です。

そして、これらの検証プロセスは分散化されており、ブロックチェーンの全てのフルノードによって行われます。

3-5 トレーサビリティ

3-5-1 トレーサビリティとは

トレーサビリティ（traceability）は、「追跡可能性」と訳されることもあり、製品やサービスの生産、供給、販売の過程を追跡し、確認する能力のことを指します。ブロックチェーン技術は、トレーサビリティを確保するための強力なツールとなることがあります。各取引がブロックチェーン上に永続的に記録されるため、一度ブロックチェーンに登録されたデータは改竄が非常に難しく、その結果、データの真正性と信頼性が保証されます。

3-5-2 トレーサビリティのユースケース

トレーサビリティは、製品の供給チェーン管理、食品の安全性保証、高価な財の追跡（例：ダイヤモンドや美術品）、医薬品の追跡など、さまざまな業界で有用な概念です。たとえば、製品の供給チェーン管理では、製品が原料から最終消費者までの過程でどのように移動したかを追跡することが可能です。また、食品の安全性保証では、食品がどの農場で生産され、どの処理工程を経たかを追跡できます。

3-5-3 トレーサビリティ導入に当たって気を付けるべきこと

トレーサビリティを導入する際の主要な検討事項は、データの信頼性とプライバシーの保護です。データはブロックチェーンに登録される前に、その真正性を確認する必要があります。一度ブロックチェーンに登録されたデータは変更できないため、最初に間違った情報が登録されてしまうと、それが永続的に残ってしまいます。

ブロックチェーンは、その性質上、取引の詳細を公にする可能性があります。これは、特に個人情報や商業的に重要な情報が関与する場合、プライバシーやビジネスの秘密を保護するために注意が必要です。

3-5-4 トレーサビリティのアーキテクチャ

トレーサビリティのアーキテクチャは、情報の収集、登録、検証、追跡の各ステップを含みます。情報の収集は、製品やサービスの生産、供給、販売の各過程で行われます。これらの情報はブロックチェーンに登録され、その後、必要に応じて参照されます。各取引はブロックチェーン上で検証され、その真正性が保証されます。そして、これらの情報を追跡することで、製品やサービスの流通経路を明確にすることができます。

イメージとしては、トラックの移動記録がわかりやすいでしょう。移動のログをブロックチェーンに書き込むようにすれば、ブロックを確認することで、トラックの移動履歴を追跡できます。

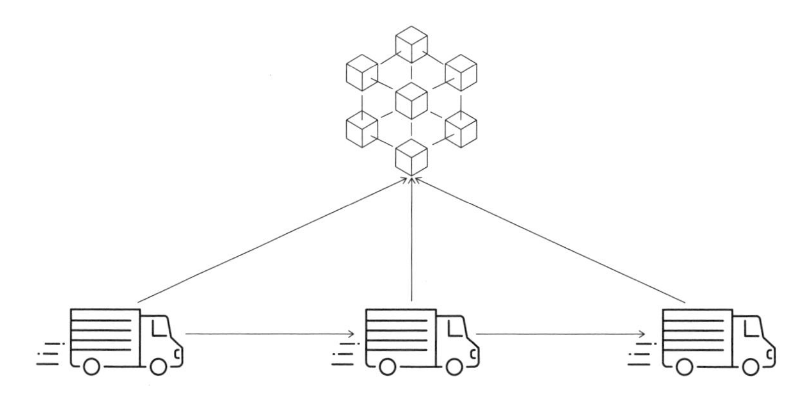

● 図3-5　トレーサビリティのイメージ

第4章

「スマートコントラクト」のWebアプリケーション開発

余は、神とはスペイン語で話し、ご婦人とはイタリア語で話し、
男どもとはフランス語で話し、馬にはドイツ語で話しかける。

— 神聖ローマ帝国皇帝カール五世

本章で取り上げるのは、EVM(Ethereum Virtual Machine)チェーンでは**スマートコントラクトアプリケーション**として知られているもので、ブロックチェーン技術の中でも特に革新的な部分です。スマートコントラクトを用いて作成されるエスクロートランザクションは、トラストレスなデジタル取引を可能にします。これは、双方向の信頼を必要とせず、中央の仲介者も不要とする革新的な取引方法であり、ブロックチェーンの強力な潜在能力の1つといえます。スマートコントラクトの理解を深め、その実装に取り組むことで、ブロックチェーンの真の力を引き出す機会になるはずです。

4-1 デモアプリの概要

本章で構築するのは、相手の保有しているモザイク（トークン）に対して、金額を指定してブロックチェーン上で交渉を行ったり、自分宛の取引に対して確認と応答を行うアプリケーションです。

交渉を開始すると、2時間の間、ブロックチェーン上で取引が可能な状態になります。その際、ブロックチェーン側に担保として10xymを保管しておく必要があります。

相手が内容を確認して署名を行うと交換が成立し、サービス手数料として決済金額の1割を運営アカウントが徴収します。

アグリゲートボンデットトランザクションを利用するため、48時間以内に交渉相手が署名しない場合、デポジットしておいた10xymは没収されます。

Column アグリゲートボンデッド詐欺

このアグリゲートボンデットトランザクションを悪用し、XYMを保有しているアカウントに対してスパム的に取引を持ちかける詐欺が横行しました。取引内容を確認せず、メールのように届いたものを開封すると、保有しているXYMを全て奪い取られるという仕組みです。

現在は、ウォレットの改善により、不要なアグリゲートボンデットトランザクションはデフォルトで非表示になるという実装が行われていますが、署名要求が届いたら必ず内容を確認することを忘れないでください。

4-2

アプリの動作イメージ

取引先のトークン（トークンID：L4B41C71C80B26A94）1つを自分の1xymと交換するエスクローをしている様子です。取引する際に「test」という公開メッセージを付けており、実際には取引先に伝えたいメッセージを入力できます。

また、取引の際には運営側に取引価格の10%が徴収される仕組みを実装しているため、1xymの10%である0.1xymが必要である旨が表示されています。それとは別に、ブロックチェーンにデポジットするための10xymのトランザクション手数料が必要である旨も記載されています。

［署名に進む］ボタンを押すと、署名（連続で2回行う）に進みます。

取引内容の確認

以下内容で取引を開始しますか？

取引内容	1 xym ⇆ 4B41C71C80B26A94 × 1
宛先アドレス	TBH3OVV3AFONJZSYOMUILGERPNYY77AISF54C4Q
公開メッセージ	test
運営手数料	0.1xym (取引価格の10%)
ネットワーク手数料	10xym(デポジット手数料*1) + α(トランザクション手数料*2)
合計	11.1 + α xym

*1 ブロックチェーン上でを取引を行うための手数料です。取引成功時に返金されます。ただし48時間以内に取引が完了しなかった場合は返金されません。

*2 ブロックチェーン上にデータを書き込むための手数料です。実際に署名する際に右上に表示されます。

*3 一度署名を行うとキャンセルすることはできません。

*4 署名は続けて二回行います。一回目は取引に対する署名、二回目は取引をブロックチェーン上でロック(HASH_LOCK)しておくための署名です。

キャンセル　署名に進む

● 図4-1　取引内容の確認

図4−2に示したのが1回目の署名です。

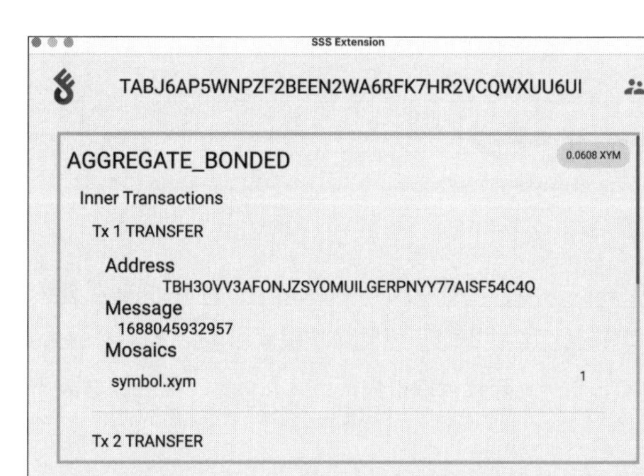

● 図4-2 取引用の署名

Inner TransactionsのTx1 Transferには、自分から相手に対して1xymを送るトランザクションが記載されています。図4-1には表示されていませんが、Tx2 Transferには相手から自分に対してトークンID4B41C71C80B26A94を1つ送るトランザクションが記載されています。2つのトランザクションをAGGREGATE_BONDEDトランザクションとしてまとめることで、どちらかに残高の不整合などがあれば全てが実行されないトランザクションとなり、相手の連署待ち状態になります。

［SIGN］ボタンを押すと署名を行い、ブロックチェーンにアナウンスします。

図4−3に示したのが2回目の署名です。

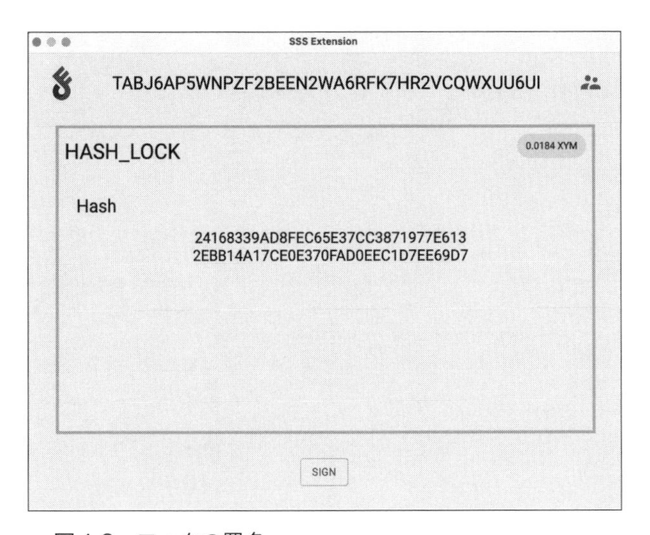

● 図4-3　ロックの署名

先ほど署名しアナウンスしたトランザクションをブロックチェーン上で待機させるために、必要なロックトランザクションに署名を行います。

［SIGN］ボタンを押すと署名を行い、ブロックチェーンにアナウンスします。

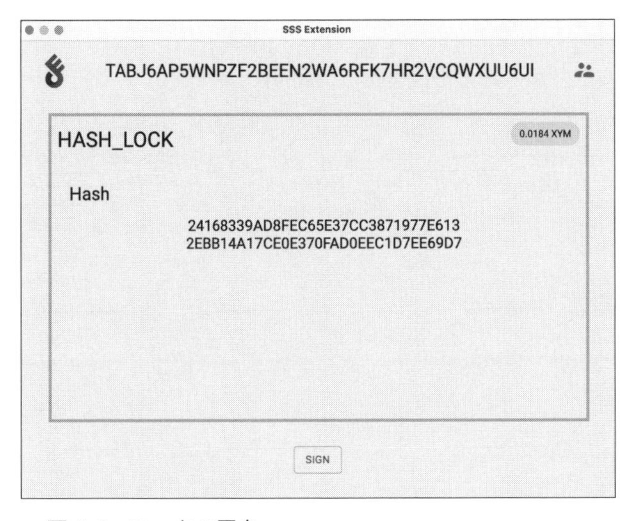

● 図4-4　ロックの署名

ロックトランザクションが成功すると、ブロックチェーン上で署名の待ち状態となり、誰でも確認することができるようになります。Tx2でトークンを送ってほしいアカウントのSYMBOLウォレットを見ると、自分宛の署名要求が来ていることがわかります。

連署を行うと取引が成立し、XYMとトークンの交換が行われます。

● 図4-5　相手ウォレットの確認

図4-6に示した取引履歴画面では、すでに完了した自分が要求した取引と、相手から要求された取引を見ることができます。この画面では2つの履歴が表示されており、2番目の取引が先ほどの図で行った取引内容です。

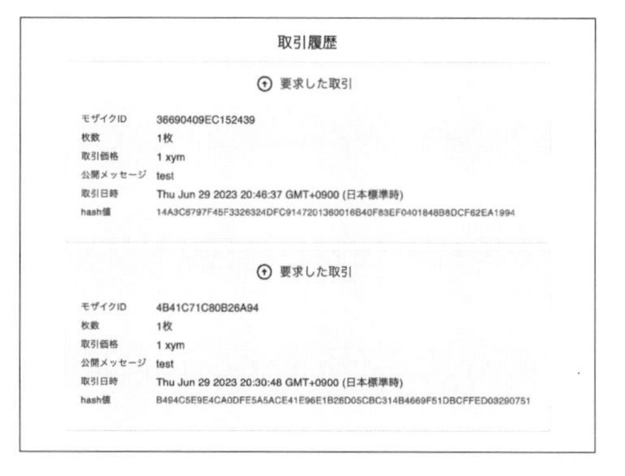

● 図4-6　結果

本章で解説する部分の動作は、次のURLから動画で確認できます。

```
https://www.youtube.com/playlist?list=PLZO0DM4SRY_SUcCqqdCXQ_
iDfPhhBb5Tr
```

4-3 環境構築

次のようにして、本章で構築するアプリケーションのレポジトリをローカル環境にダウンロード（クローン）します。ダウンロードするディレクトリは任意で構いません。

なお、第1章での環境構築を終えているものとします。もし、まだのようであれば、第1章を参照して開発環境を整えてください。

```
$ git clone https://github.com/symbol-books/blockchain-writing-project-escrow.git

Cloning into 'blockchain-writing-project-escrow'...
remote: Enumerating objects: 124, done.
remote: Counting objects: 100% (124/124), done.
remote: Compressing objects: 100% (66/66), done.
remote: Total 124 (delta 42), reused 116 (delta 34), pack-reused 0
Receiving objects: 100% (124/124), 551.84 KiB | 14.52 MiB/s, done.
Resolving deltas: 100% (42/42), done.
```

ダウンロードしたディレクトリに移動し、**npm i**で必要なパッケージをインストールします。

```
$ cd blockchain-writing-project-escrow
$ npm i
added 756 packages, and audited 757 packages in 43s

156 packages are looking for funding
  run `npm fund` for details

4 moderate severity vulnerabilities

To address all issues, run:
```

```
  npm audit fix

Run `npm audit` for details.
```

4-3-1 管理者アカウントの作成

次のようにして、**test**を引数として**createdminAddress.js**を実行して、管理者アカウントを作成します。

```
$ cp .env.sample .env
$ node setup_tool/createdminAddress.js test
= Address =

TCR5YIVN45VZQ4YHDSI6UBVYYZIV3XXXXXXXXXX

このURLから入金して下さい。
https://testnet.symbol.tools/?recipient=TCR5YIVN45VZQ4YHDSI6UBVYYZIV3
XXXXXXXXXX&amount=1000

= PrivateKey =

こちらを.envファイルに入力して下さい
69218EE03D4E1323262DB65A81F6F82C057FE11A92C4B1E7441531XXXXXXXXXX
```

出力された**PrivateKey**を**.env**ファイルの**YOUR_PRIVATE_KEY**部分と置き換えます。

```
PRIVATE_KEY=69218EE03D4E1323262DB65A81F6F82C057FE11A92C4B1E7441531XXX
XXXXXXX
```

4-3-2 ローカル環境での確認

`npm run dev`を実行して、ローカル環境でアプリを立ち上げます。

```
$ npm run dev

ready - started server on 0.0.0.0:3000, url: http://localhost:3000
warn  - You have enabled experimental feature (appDir) in next.conf
ig.js.
warn  - Experimental features are not covered by semver, and may cau
se unexpected or broken application behavior. Use at your own risk.

(node:28714) ExperimentalWarning: The Fetch API is an experimental fe
ature. This feature could change at any time
(Use `node --trace-warnings ...` to show where the warning was creat
ed)
event - compiled client and server successfully in 661 ms (165 modul
es)
```

コマンドを実行したら、Webブラウザで「`http://localhost:3000`」を開いてください。

● 図4-7　アプリケーションの起動画面

なお、ここで「SSS extension」が必要になる場合がありますが、導入については、章末のコラム「SSS Extensionの導入」を参照してください。

4-4 コード解説

主にブロックチェーン技術に関する部分を抜粋し、コードの解説を行います。

4-4-1 運営側アカウント作成のためのユーティリティツール

今回のデモアプリでは運営側で手数料を徴収するためのアカウントが必要ですが、アプリを立ち上げる前に準備しておく必要があります。

デスクトップウォレットなどで作ることもできますが、スクリプトとして実行することで簡単にアカウントを生成できます。

setup_tool/createdminAddress.js

アカウントの作成自体は第1章で説明した方法でも行えますが、GUIでの操作をできるだけなくしたい場合は、ローカル環境でcreatedminAddress.jsを実行することでアカウントの作成が可能です。

たとえば、「4-3-1　管理者アカウントの作成」で行った作業の実装部分は、次のようになっています。

```
const sym = require('symbol-sdk');
const arg = process.argv[2]; //第二引数として main か test を入力

//引数からテストネットかメインネットかを判断し、参照するプロパティ
を変更する
let networkType = '';
if (arg == null) {
  console.log('引数に test もしくは main を指定して実行して下さい');
  return;
} else if (arg == 'main') {
  networkType = 104;
} else if (arg == 'test') {
  networkType = 152;
```

```
} else {
  console.log('引数に test もしくは main を指定して実行して下さい');
  return;
}

const account = sym.Account.generateNewAccount(networkType); //アカウ
ントの作成
const privateKey = account.privateKey; //秘密鍵の導出
const address = account.address.plain(); //アドレスの導出

console.log('= Address =');
console.log('');
console.log(address);
console.log('');
if (arg == 'main') console.log('社内の誰かにXYMを送ってもらって下さい
。');
if (arg == 'test') console.log('このURLから入金して下さい。');
if (arg == 'test') console.log(`https://testnet.symbol.tools/?recipie
nt=${address}&amount=1000`);
console.log('');
console.log('= PrivateKey =');
console.log('');
console.log('こちらを.envファイルに入力して下さい');
console.log(privateKey);
console.log('');
```

4-4-2 SSS Extensionの利用

各種ページにて、SSS Extensionの状態を管理するためのフックのプログラムです。フック（hooks）とは、クラスを書かずにstateなどのReactの機能を使うための機能で、React 16.8から追加されました。フックを使うと、コンポーネントごとに共通のstate処理をまとめることができるのでコードがすっきりします。

Column SSS Extensionとは

SSSとは「Safely Sign Symbol」の頭文字をとった名前であり、Webアプリケーションと連携し、Symbolブロックチェーンのトランザクションへ安全に署名を行うGoogle Chrome拡張機能です。

許可したWebアプリケーションにSSSオブジェクトを提供し、秘密鍵を扱うことなく、Webアプリケーション上で定義されたSymbolブロックチェーンのトランザクションに署名を行えます。

src/hooks/useSssInit.ts

SSSの状態を管理するためのフックです。SSSを使うページで最初に呼び出すことで、SSSのインストール状態、有効かどうかというステータスを取得できます。

```
import { useState, useEffect } from 'react';

//SSS用設定
interface SSSWindow extends Window {
  SSS: any;
  isAllowedSSS: () => boolean;
}
declare const window: SSSWindow;

const useSssInit = () => {
  const [sssState, setSssState] = useState<'ACTIVE' | 'INACTIVE' |
'NONE' | 'LOADING'>('LOADING');
  const [clientPublicKey, setClientPublicKey] = useState<string>('');

  useEffect(() => {                                              ①
    setTimeout(() => {
      try {
        if (window.isAllowedSSS()) {
          setSssState('ACTIVE');
          const publicKey = window.SSS.activePublicKey;
          setClientPublicKey(publicKey);
        } else {
          setSssState('INACTIVE');
        }
      } catch (e) {
        console.error(e);
        setSssState('NONE');
      }
    }, 200); // SSSのプログラムがwindowに挿入されるよりも後に実行する
ために遅らせる
```

```
  }, []);

  return { clientPublicKey, sssState };
};

export default useSssInit;
```

①の**setTimeout**は、現在のSSSのバージョン（version 3.6.0）では必要ないので削除してもかまいません。

4-4-3 ブロックチェーン接続のための共通設定や関数

ブロックチェーンに関する定数、ブロックチェーンに安定的して接続するための関数です。

src/consts/blockchainProperty.ts

ブロックチェーンで扱う共通の定数を指定しています。

```
export const networkType = 152;
export const currencyMosaicID = '72C0212E67A08BCE';
export const epochAdjustment = 1667250467;
export const hashLockTxDuration = 240;
export const servieName = 'SymbolEscrowService'; //トランザクションを検索する際にキーにするキーワード
export const servieFee = 0.1; //サービス手数料
```

- **networkType**：**152**がテストネットを意味する
- **networkType**：**72C0212E67A08BCE**がテストネットのXYMのモザイクID
- **epochAdjustment**：テストネットでは**1667250467**
- **hashLockTxDuration**：ブロックチェーン上に取引をロックしておくブロック数、今回は2時間なので、**240**ブロック（240×30秒）を指定している。メインネットでは最大48時間まで指定可能
- **servieName**：履歴を検索する際に、キーにしている文字列。この文字列を変更すれば、独自の履歴群を表示できる
- **servieFee**：運営側で徴収するサービス手数料の割合。今回は1割にしているため**0.1**を指定

src/utils/connectNode.ts

ブロックチェーンで接続する先のノードを選定する関数です。

ブロックチェーン全体は複数のサーバで同期されますが、情報を参照したり、トランザクションをアナウンスする際には、1つのサーバに対して問い合わせを行います。そのため、問い合わせた先のサーバがダウンしている場合、ブロックチェーンに接続できません。

複数の接続先を登録しておき、接続時にダウンしていたら別のサーバに接続するような実装が必要になります。

```
import axios from 'axios';

export const connectNode = async (nodeList: string[]): Promise<stri
ng> => {
  const node = nodeList[Math.floor(Math.random() * nodeList.length)];
  try {
    const response = await axios.get(node + '/node/health', { timeo
ut: 1000 });
    console.log(response.data);
    if (response.data.status.apiNode == 'up' && response.data.status.
db == 'up') {
      console.log(node);
      return node;
    } else {
      return '';
    }
  } catch (e) {
    return '';
  }
};
```

`src/consts/nodeList.ts`で登録しているノードを引数で指定し、ランダムに接続を行います。サーバに対して`/node/health`を実行することで、そのサーバの死活状況が確認できるので、ステイタスが`down`であったり、1秒間反応がない場合は別のノードへの接続を試行します。

4-4-4 バックエンド側の関数

バックエンド側で動く関数です。Next.jsでは、`api`ディレクトリに格納されているファイルはバックエンド側として動作します。

src/pages/api/fetch-address.ts

管理者のアドレスを取得するためのAPIです。管理者のアドレスは、取引する際に手数料の支払い先として利用します。

前述したように、Next.jsでは`api`ディレクトリ内のコードはバックエンド側で実行される仕組みになっているので、フロントエンド側に管理者のアドレスをハードコーディングしたくない場合などに利用します。

```
import type { NextApiRequest, NextApiResponse } from 'next';
import { Account } from 'symbol-sdk';
import { connectNode } from '@/utils/connectNode';
import { nodeList } from '@/consts/nodeList';
import { networkType } from '@/consts/blockchainProperty';

export default async function handler(
  req: NextApiRequest,
  res: NextApiResponse
): Promise<string | undefined> {
  if (req.method === 'GET') {
    const NODE = await connectNode(nodeList);
    if (NODE === '') return undefined;
    const admin = Account.createFromPrivateKey(process.env.PRIVATE_
KEY!, networkType);
    res.status(200).json(admin.address.plain());
  }
}
```

サーバ側の環境変数である`PRIVATE_KEY`から管理者のアドレスを導出します。Next.jsでは、`NEXT_PUBLIC_`が付いているとフロントエンド側の環境変数として認識されるので、誤って管理者側の秘密鍵を公開しないように注意してください。

4-4-5 フロントエンド側の関数

フロントエンド側で動作する関数です。

src/utils/requestEscrowWithSSS.ts

SSSを使って、取引を開始するための関数です。

```
~ 中略 ~
  //targetAddressからAccountInfoを導出
  const targetAccountInfo = await firstValueFrom(
    accountRepo.getAccountInfo(Address.createFromRawAddress(targetAdd
ress))
  );
  //clientAddressからAccountInfoを導出
  const clinetAccountInfo = await firstValueFrom(
    accountRepo.getAccountInfo(Address.createFromRawAddress(clientAdd
ress))
  );

  const res = await axios.get('/api/fetch-address');
  const adminAddress: string = res.data;
~ 中略 ~
```

SymbolSDKでアドレスを指定する場合、文字列で渡すのではなく、アドレスクラスを使って指定する必要があります。**targetAddress**と**clientAddress**は引数から取得しているアドレスの文字列ですが、次のように指定すると、文字列をアドレスクラスに変更できます。

```
Address.createFromRawAddress(targetAddress)
```

ただし、今回は公開鍵クラスも必要になるので、どちらからも参照可能な**AccountInfo**にしておきます。

```
accountRepo.getAccountInfo(Address.createFromRawAddress(targetAddre
ss))
```

このように指定することで、アドレスクラスも公開鍵クラスも呼び出せるようになります。

また、実際の取引部分は、次のようになっています。

```
~ 中略 ~
  const tx1 = TransferTransaction.create(
    Deadline.create(epochAdjustment),
    targetAccountInfo.address,
    [
      new Mosaic(
        new MosaicId(currencyMosaicID), //XYM
        UInt64.fromUint(price * 1000000)
      ),
    ],
    PlainMessage.create(expirationTime.toString()), //取引の有効期限
を記録しておく
    networkType
  );

  const tx2 = TransferTransaction.create(
    Deadline.create(epochAdjustment),
    clinetAccountInfo.address,
    [new Mosaic(new MosaicId(mosaicId), UInt64.fromUint(amount))],
    PlainMessage.create(message),
    networkType
  );

  const tx3 = TransferTransaction.create(
    Deadline.create(epochAdjustment),
    Address.createFromRawAddress(adminAddress),
    [
      new Mosaic(
        new MosaicId(currencyMosaicID), //XYM
        UInt64.fromUint(price * servieFee * 1000000)
      ),
    ],
    PlainMessage.create(servieName),
    networkType
  );

~ 中略 ~
```

取引は、次の3つの構成に分かれています。

- **tx1**：取引先に対してXYMを支払うトランザクション、メッセージの中に取引の有効期限を記録する
- **tx2**：取引先から指定したトークン（モザイク）をもらうトランザクション、メッセージの中に取引相手に伝えたいメッセージを記録する
- **tx3**：運営側に手数料を支払うトランザクション、メッセージの中に本サービスで使うキーワードを格納する

adminAddressは文字列のアドレスなので、アカウントクラスに変換して指定しています。

この3つのトランザクションが、不整合なく同時に実行されるようにアグリゲートトランザクションとして1つにまとめます。

```
~ 中略 ~
  const aggregateArray = [
    tx1.toAggregate(clinetAccountInfo.publicAccount),
    tx2.toAggregate(targetAccountInfo.publicAccount),
    tx3.toAggregate(clinetAccountInfo.publicAccount),
  ];

  const aggregateTx = AggregateTransaction.createBonded(
    Deadline.create(epochAdjustment),
    aggregateArray,
    networkType,
    []
  ).setMaxFeeForAggregate(100, 1);
~ 中略 ~
```

この際、**toAggregate**では、トランザクション送信元の公開鍵アカウントを指定する必要があります。先ほど**AccountInfo**クラスを作成していたので、そこから公開鍵アカウントを導出します。

```
~ 中略 ~
  window.SSS.setTransaction(aggregateTx);
  const signedAggregateTx: SignedTransaction = await new Promise((res
olve) => {
```

```
    resolve(window.SSS.requestSign());
  });
~ 中略 ~
```

SSSを使ってアグリゲートトランザクションの署名を行う部分は、次のようになっています。これによって、SSSの署名要求が行われるポップアップが表示され、入力されるまで次の処理を実行しないようにしています。

```
~ 中略 ~
  const hashLockTx = HashLockTransaction.create(
    Deadline.create(epochAdjustment),
    new Mosaic(
      new MosaicId(currencyMosaicID), //XYM
      UInt64.fromUint(10 * 1000000)
    ),
    UInt64.fromUint(hashLockTxDuration), // ロック有効期限 テストネッ
トは上限2時間
    signedAggregateTx,
    networkType
  ).setMaxFee(100);
~ 中略 ~
```

ハッシュロックトランザクションを使って、先ほど署名したアグリゲートトランザクションをブロックチェーン上でロックしておき、相手の署名を待つためのトランザクションを発行します。ここで指定しているXYMは、ロックしておくためにブロックチェーン上に担保として預けておく10XYMのことで、絶対に必要です。

また、**hashLockTxDuration**は定数として240ブロックを指定しているので、1ブロックがおおよそ30秒となるように、約2時間ロックします。

SSSを使ってハッシュロックトランザクションの署名を行う部分は、次のようになっています。

```
~ 中略 ~
  const signedHashLockTx: SignedTransaction = await new Promise((reso
lve) => {
    setTimeout(async function () {
      window.SSS.setTransaction(hashLockTx);
```

```
      resolve(window.SSS.requestSign());
    }, 1000); //SSSの仕様で連続で署名する場合は時間をあける必要がある
ため
  });
~ 中略 ~
```

ここで1秒の待ち時間を入れているのは、SSSの仕様として先のアグリゲートトランザクションの署名が完全に終わるのを待つためです。

さらに、ハッシュロックトランザクションをノードに対してアナウンスし、その状態を監視するための処理を行います。

```
~ 中略 ~
await firstValueFrom(txRepo.announce(signedHashLockTx));
  await listener.open();
  const hashLockTransactionStatus: TransactionStatus = await new Prom
ise((resolve) => {
    //承認トランザクションの検知
    listener
      .confirmed(clinetAccountInfo.address, signedHashLockTx.hash)
      .subscribe(async (confirmedTx) => {
        const response = await firstValueFrom(tsRepo.getTransactionSt
atus(signedHashLockTx.hash));
        listener.close();
        resolve(response);
      });
    //トランザクションでエラーが発生した場合の処理
    setTimeout(async function () {
      const response = await firstValueFrom(tsRepo.getTransactionStat
us(signedHashLockTx.hash));
      if (response.code !== 'Success') {
        listener.close();
        resolve(response);
      }
    }, 1000); //タイマーを1秒に設定
  });
~ 中略 ~
```

listener.confirmedでハッシュロックトランザクションが承認されることを検知するまで待ちます。**getTransactionStatus**では、ハッシュ値を指定することで、そのトランザクションがどんな状態かを確認できます。

しかし、このままではアナウンスされたトランザクションに不整合があったなどでノード側でエラーと判断された場合、永遠に待ち続けることになってしまいます。そのため、1秒経った時点で一度トランザクションの状態を確認し、エラーであれば処理を終了します（エラー時は即時に結果がわかるため）。

ハッシュロックトランザクションがブロックチェーン上で承認された後に、アグリゲートトランザクションをアナウンスします。その状態を監視するための処理は、次のようになっています。

```
~ 中略 ~
  //ハッシュロックトランザクションが成功した場合、すぐにAggregateBond
edトランザクションを送信すると検知できないノードが発生する場合がある
ため、5秒待機する
  console.log('start wait 5sec spread node hashLockTransactionStat
us');
  await new Promise<void>((resolve) => {
    setTimeout(() => {
      console.log('end wait 5sec spread node hashLockTransactionStat
us');
      resolve();
    }, 5000);
  });

  await firstValueFrom(txRepo.announceAggregateBonded(signedAggregate
Tx));
  await listener.open();
  const aggregateBondedTransactionStatus: TransactionStatus = await
new Promise((resolve) => {
    //承認トランザクションの検知
    listener
      .aggregateBondedAdded(clinetAccountInfo.address, signedAggregat
eTx.hash)
      .subscribe(async (partialTx) => {
        const response = await firstValueFrom(tsRepo.getTransactionSt
atus(signedAggregateTx.hash));
        listener.close();
        resolve(response);
   });
    //トランザクションでエラーが発生した場合の処理
    setTimeout(async function () {
      const response = await firstValueFrom(tsRepo.getTransactionStat
us(signedAggregateTx.hash));
```

```
      if (response.code !== 'Success') {
        listener.close();
        resolve(response);
      }
    }, 1000); //タイマーを1秒に設定
  });

  console.log(aggregateBondedTransactionStatus);

  return aggregateBondedTransactionStatus;
};
```

ハッシュロックトランザクションが承認された後、すぐにアナウンスしてしまうとノード間の同期が完了していない場合があるため、完全に伝播されるまで**setTimeout**によって5秒間の待ち時間を入れています。

なお、今回はオンチェーン上で相手の署名が必要になるので**announceAggregateBonded**でアグリゲートボンデットトランザクションとしてアナウンスします。事前にオフチェーンで相手の署名を集めることができる場合は、アグリゲートコンプリートという形でアナウンスします。

監視の部分はハッシュロックの時と同じなので割愛します。

最終的に戻り値として**TransactionStatus**型の**aggregateBondedTransactionStatus**を返すようにして、最終的に取引が成功したか失敗したかを判断できるようになっています。

● src/utils/cosignedEscrowWithSSS.ts

自分宛の取引に対して、SSSを使って連署を行うための関数です。

ブロックチェーン上でロックされて署名を待っているアグリゲートボンデットトランザクションは、パーシャル（部分的）状態とします。

```
~ 中略 ~
  const txInfo = await firstValueFrom(txRepo.getTransaction(hash, Tra
nsactionGroup.Partial));
  const serializedTx = txInfo.serialize();
  console.log(serializedTx);
  window.SSS.setTransactionByPayload(serializedTx);
  const signedCosignatureTx: CosignatureSignedTransaction = await new
```

```
Promise((resolve) => {
    resolve(window.SSS.requestSignCosignatureTransaction());
  });
~ 中略 ~
```

ハッシュ値とTransactionGroup.Partialでトランザクションの状態を指定し、getTransactionでトランザクションを復元します。

連署するために一度トランザクションをペイロード形式に変更する必要があるため、serialize()で変換します。

requestSignCosignatureTransaction()を使ってSSSで連署用のポップアップを表示させます。

連署が完了したら同じなので割愛しますが、requestEscrowWithSSS.tsと同じように監視を行い、トランザクションの状態を返します。

src/utils/searchEscrow.ts

自分が行った、もしくは自分宛の取引の一覧を返す関数です。

TransactionGroup.Partialを引数として指定すると、現在アクティブな取引の一覧を取得します。また、TransactionGroup.Confirmedを引数として指定すると、契約が成立した取引の一覧を取得します。

```
~ 中略 ~
export const searchEscrow = async (
  clientAddress: string,
  transactionGroup: TransactionGroup.Partial | TransactionGroup.Confi
rmed
): Promise<escrowAggregateTransaction[] | undefined> => {
~ 中略 ~
```

指定した条件に応じて、ブロックチェーン上からトランザクションの情報を取得します。

```
~ 中略 ~
  const resultSearch = await firstValueFrom(
    txRepo.search({
      type: [TransactionType.AGGREGATE_BONDED],
      group: transactionGroup,
```

```
      address: clinetAccountInfo.address,
      order: Order.Desc,
      pageSize: 100,
    })
  );
~ 中略 ~
```

typeでTransactionType.AGGREGATE_BONDEDを指定しています。これを指定しないと、その他のトランザクションも検索結果に含まれてしまいます。

groupには、引数のtransactionGroupを指定しています。これによって、取引中か取引済みかを切り替えることができます。addressに自分のアドレスクラスを指定することで、自分宛、もしくは自分から行ったトランザクションを指定できます。orderにOrder.Descを指定することで、新しい順から取得するようにします。

pageSizeに100を指定していますが、これよりも大きい数を取得しようとした場合、pageNumberでページングする必要があります。

さらに、escrowAggregateTransactionという定義した型にして結果を返します。

```
~ 中略 ~
  const resultData: escrowAggregateTransaction[] = [];
  for (let i = 0; i < resultSearch.data.length; i++) {
    try {
      let blockCreateTime = 0;
      if ((resultSearch.data[i].transactionInfo?.height!.compact() as
number) > 0) {
        const blockInfo = await firstValueFrom(
          blockRepo.getBlockByHeight(resultSearch.data[i].transaction
Info?.height!)
        );
        blockCreateTime = blockInfo.timestamp.compact() + epochAdjust
ment * 1000; //unixtime
      }
~ 中略 ~
```

検索した**resultSearch**で取得した情報の中にブロック高があるので、これから取引があった時刻を算出します。

```
~ 中略 ~
      const txInfo = (await firstValueFrom(
        txRepo.getTransaction(resultSearch.data[i].transactionInfo?.
hash!, transactionGroup)
      )) as AggregateTransaction;

      const tx1 = txInfo?.innerTransactions[0] as TransferTransacti
on; //ユーザがターゲットに交換用のXYMを送るトランザクション（メッセー
ジにアナウンス時のblockHight）
      const tx2 = txInfo?.innerTransactions[1] as TransferTransacti
on; //ターゲットがユーザにモザイクを送るトランザクション
      const tx3 = txInfo?.innerTransactions[2] as TransferTransacti
on; //ユーザが管理者に手数料のXYMを送るトランザクション（メッセージに
サービスを特定するキーワード）

      if (tx3.message.payload === servieName) {
        //不要なトランザクションを除外するため
        const escrowAggregateTransaction: escrowAggregateTransaction
= {
          signerAddress: tx1.signer?.address.plain()!,
          recipientAddress: tx1.recipientAddress.plain()!,
          blockCreateTime: blockCreateTime,
          expirationTime: Number(tx1.message.payload),
          mosaicId: tx2.mosaics[0].id.toHex(),
          amount: tx2.mosaics[0].amount.compact(),
          price: tx1.mosaics[0].amount.compact() / 1000000,
          message: tx2.message.payload,
          hash: txInfo.transactionInfo?.hash!,
     };
        resultData.push(escrowAggregateTransaction);
        console.log(escrowAggregateTransaction);
      }
    } catch (e) {}
  }
  return resultData;
};
```

検索結果のハッシュ値とトランザクショングループを指定してアグリゲートトランザクションを復元します。さらに、そこから3つのインナートランザクションを取り出します。トランザクションを作成した際には、次の3つの項目を記録しています。

- **tx1**：メッセージの中に取引の有効期限
- **tx2**：メッセージの中に取引相手に伝えたいメッセージ
- **tx3**：メッセージの中に本サービスで使うキーワード

`message.payload`でメッセージ情報を取得し、`escrowAggregateTransaction`のプロパティに合うように指定します。

> **Column メッセージ機能の万能性**
>
> インナートランザクションに使っているTransferトランザクションには、メッセージ機能があります。
>
> ここには1,024バイト（実際はパディングを含むので1,023バイト）の文字を格納できます。それによって、ブロックチェーン上に情報を記録しておくことが可能です。
>
> たとえば、BASE64形式で文字列化したデータを貼り付けておくと、画像や音楽をフルオンチェーンで記録することが可能です。

4-4-6 UI部分

Next.jsでは、**pages**ディレクトリに格納されているディレクトリやファイルをそのままルーティング可能なページとして扱えます。

ここでは、ページの中でも特にブロックチェーンに関係ある部分を抜き出して解説します。

● src/pages/sss/index.tsx

このデモアプリを利用するには、SSSを事前にインストールし、アクティブ化しておく必要があります。未実施の場合は、このページにリダイレクトされるようになっています。

```
~ 中略 ~
  //SSS共通設定
  const { clientPublicKey, sssState } = useSssInit();
  const [clientAddress, setClientAddress] = useState<string>('');
  useEffect(() => {
    if (sssState === 'ACTIVE') {
      const clientPublicAccount = PublicAccount.createFromPublicKey(c
lientPublicKey, networkType);
      setClientAddress(clientPublicAccount.address.plain());
    }
  }, [clientPublicKey, sssState]);

  return (
    <>
      <Header setOpenLeftDrawer={setOpenLeftDrawer} />
      <LeftDrawer openLeftDrawer={openLeftDrawer} setOpenLeftDrawer={
setOpenLeftDrawer} />
      {progress || sssState === 'LOADING' ? (
        <Backdrop open={progress}>
          <CircularProgress color='inherit' />
        </Backdrop>
      ) : (
        <Box
          sx={{ p: 3 }}
          display='flex'
          alignItems='center'
          justifyContent='center'
          flexDirection='column'
        >
          {sssState === 'NONE' ? (
            <>
              <Typography component='div' variant='h6' sx={{ mt: 5,
mb: 5 }}>
                SSSのがインストールされていません
              </Typography>
              <a
                href='https://chrome.google.com/webstore/detail/sss-
extension/llildiojemakefgnhhkmiiffonembcan'
                target='_blank'
                rel='noreferrer'
              >
                SSS Extensionをinstallする
              </a>
```

```
          </>
        ) : sssState === 'INACTIVE' ? (
          <Typography component='div' variant='h6' sx={{ mt: 5, mb: 
5 }}>
            SSSのが有効になっていません
          </Typography>
        ) : (
          <>
            <Typography component='div' variant='h6' sx={{ mt: 5, 
mb: 5 }}>
              SSSのが有効になっています
            </Typography>
            <Typography component='div' variant='caption' sx={{ mt: 
1, mb: 1 }}>
              {`アドレス : ${clientAddress}`}
            </Typography>
          </>
        )}
      </Box>
    )}
    </>
  );
}
export default Sss;
```

useSssInit()で先ほど解説したSSSの状態を取得するためのフックを呼び出します。

useEffect内で**sssState**が**ACTIVE**であれば、アドレスの導出を行なっています。**sssState**がその他のステータスであれば、それぞれのステータスに応じた表示を行います。

src/pages/index.tsx

ホーム画面です。

```
~ 中略 ~
  useEffect(() => {
    if (sssState === 'ACTIVE' && clientAddress !== '') {
      initalescrowDataList();
      setProgress(false);
    }
```

```
  }, [clientAddress, sssState]);

  const initalescrowDataList = async () => {
    const result = await searchEscrow(clientAddress, TransactionGro
up.Partial);
    if (result === undefined) return;
    setescrowDataList(result);
  };
~ 中略 ~
```

searchEscrowに自分のアドレスとTransactionGroup.Partialを指定することで、現在取引中のトランザクション情報が表示されます。

src/pages/history/index.tsx

履歴画面です。

```
~ 中略 ~
  useEffect(() => {
    if (sssState === 'ACTIVE' && clientAddress !== '') {
      initalescrowDataList();
      setProgress(false);
    }
  }, [clientAddress, sssState]);

  const initalescrowDataList = async () => {
    const result = await searchEscrow(clientAddress, TransactionGro
up.Confirmed);
    if (result === undefined) return;
    setescrowDataList(result);
  };
~ 中略 ~
```

searchEscrowに自分のアドレスとTransactionGroup.Confirmedを指定することで、すでに取引が完了したトランザクション情報が表示されます。

●src/pages/detail/index.tsx

ホーム画面で自分宛の取引があった場合に、ボタンを押すと遷移するページです。取引内容を確認し、問題ないようであれば、連署するための確認ダイアログが表示されます。

●src/pages/escrow/index.tsx

取引を開始するページです。

フォームに宛先のアドレス、交換モザイク、数量、取引価格、公開するメッセージを入力し、取引を開始します。

```
~ 中略 ~
  const handleAgreeClick = async () => {
    console.log(inputData);
    try {
      setProgress(true);
      const transactionStatus: TransactionStatus | undefined = await
requestEscrowWithSSS(
        clientAddress,
        inputData!.targetAddress,
        inputData!.mosaicId,
        inputData!.amount,
        inputData!.price,
        inputData!.message
      );
~ 中略 ~
```

requestEscrowWithSSSに必要なパラメータを渡して実行しています。

4-5 本章のまとめ

本章では、次のことを学びました。

- 署名でSSS Extensionを利用する方法
- ハッシュロックトランザクションの使い方
- トランザクションの検索方法

発展として、DEX（分散型取引所）のようなものを構築することも可能です。

4-5-1 ハンズオンの動画のURL

`git clone`するのではなく、一から構築する一連の様子をYouTubeで公開しているので、参考にしてください。

```
https://www.youtube.com/playlist?list=PLZO0DM4SRY_SUcCqqdCXQ_iDfPhhBb5Tr
```

4-5-2 デスクトップウォレットで署名する際の設定

デスクトップウォレットでは、詐欺防止のためデフォルトの設定では不明なアドレスからのアグリゲートボンデッドの要求に対して署名ができないようになっています。署名できるようにするには、デスクトップウォレットの［設定］の［詳細設定］項目で、［不明なアドレスからのマルチシグトランザクションに署名する］を［許可］に変更します。

これで、署名を要求されているトランザクションを選択すると、［署名］ボタンが表示されるようになります。内容をよく確かめる旨のメッセージが表示されるので、［わかりました］にチェックを入れ、［署名］ボタンを押します。

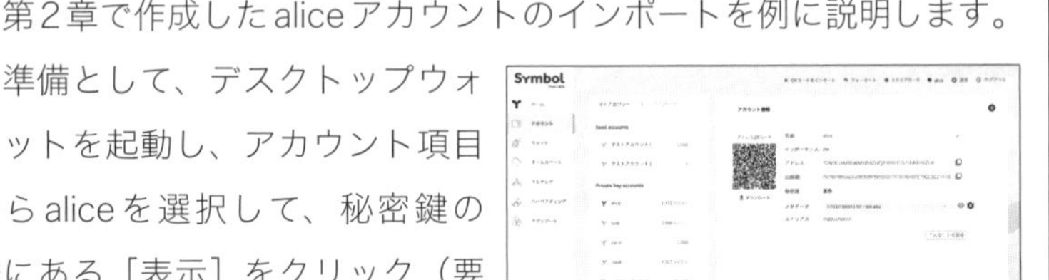

● 図4-8　不明なアドレスからのアグリゲートボンデッドの要求に署名を行う

署名のためにパスワードを入力し、[確認]ボタンを押すと署名が完了します。

Column SSS Extensionの導入

第2章で作成したaliceアカウントのインポートを例に説明します。

準備として、デスクトップウォレットを起動し、アカウント項目からaliceを選択して、秘密鍵の隣にある［表示］をクリック（要パスワード入力）すると秘密鍵情報が表示されます。この秘密鍵と、アドレスをコピーしておきます。

● アカウント情報の表示

Chromeウェブストア※からWebブラウザに「SSS Extension」を追加します。SSS Extensionの設定ページを開くと、アカウントの追加が表示されるので［秘密鍵をインポート］をクリックし、デスクトップウォレットからコピーした情報を入力します。全ての入力が完了したら［Next］ボタンを押してインポートします。

● アカウント情報を入力

※ https://chrome.google.com/webstore/detail/sss-extension/llildiojemakefgnhhkmiiffonembcan?hl=ja

第5章
「NFT」のWebアプリケーション開発

文明の進歩は、人が意識せずに遂行できる重要な操作の数的拡大によりもたらされる。

— アルフレッド・ノース・ホワイトヘッド(『数学入門』)

本章では、NFTを作成するアプリケーションを作成します。NFTは、近年、ブロックチェーンの分野に留まらない爆発的な広がりを見せており、アート作品のデータに機能的価値を持ったNFTが作成されています。EVMチェーンで機能を持ったNFTを作成するには、他者の開発したオープンソースのコントラクトを利用し、デプロイを行うことで発行されます。一方、Symbolチェーンにおいては、あらかじめブロックチェーンの機能として搭載されている機能をそのまま利用して発行することが可能です。これにより、NFTの発行を簡易かつ迅速に行えるだけではなく、検証不要な安全なNFTとして流通させることが可能です。本章では、そういったNFTを発行するアプリケーションの構築方法を解説します。

5-1 デモアプリの概要

本章のデモアプリケーションは、次に示す3つで構成されています

- createnft：NFTをERC-721に使って作成する
- checknft：createnftで作成したNFTを確認する
- checkaddressnft：アドレスに登録されているNFTを確認する

5-1-1 NFTの発行

メニューアイコンからサイドドロアーを開き、「NFTの発行」ページに遷移します。

Symbolブロックチェーン上でのNFTをEthereumの規格(ERC-721)に従って作成します。作品名、画像のURL、作品の説明を入力し、[発行] ボタンを押すことでNFTを作成できます。

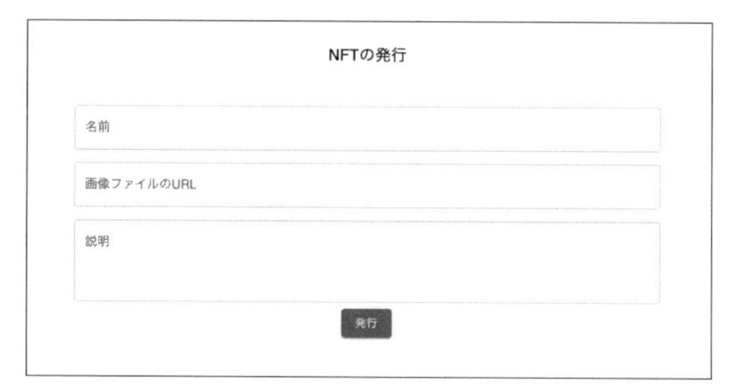

● 図5-1　NFTの作成

5-1-2 モザイクIDからのNFTの確認

メニューアイコンからサイドドロアーを開き、「モザイクIDからのNFTの確認」ページに遷移します。

「NFTの発行」ページで発行したNFTの「モザイクID」を入力するとSymbolブロックチェーン上から情報を取得し、確認できます。こうすることによって、Symbolブロックチェーンにアクセスできる人なら誰でもNFTを確認できます。

● 図5-2　NFTの確認

5-1-3 アドレスからのNFTの確認

メニューアイコンからサイドドロアーを開き、「アドレスからのNFTの確認」ページに遷移します。

確認したいアカウントのアドレスを入力すると、そのアドレスが所有するNFT一覧を取得します。

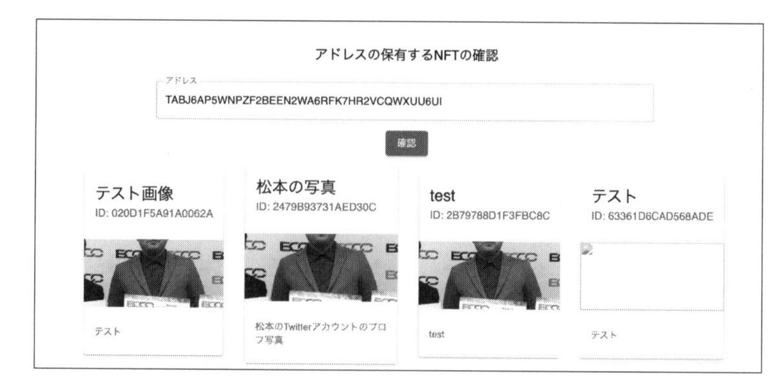

● 図5-3　アドレスからの確認

アプリの動作は、次のURLから動画で確認できます。

```
https://www.youtube.com/playlist?list=PLZO0DM4SRY_SUcCqqdCXQ_iDfPhhBb5Tr
```

なお、一般的なNFTの規格としては、標準的な規格である**ERC-721**、NFTのレンタルが可能な**ERC-4907**が知られています。本書では、ERC-721のメタデータの規格に準拠したNFTを作成します。

Column ERC-721 ／ ERC-4907とは

ERC-721は、Ethereumブロックチェーン上で非代替性トークン（Non-Fungible Tokens：NFT）を作成するための標準的なプロトコルです。ERCは「Ethereum Request for Comments」の略で、トークンの標準化と互換性を確保するための仕様書です。ERC-721は、トークンごとに独自の識別子（ID）を持つ非代替性デジタルアセットを作成するために使用されます。

一方、ERC-4907は、Ethereumブロックチェーン上でレンタルサービス機能を実現するための新しいトークン標準であるEIP-4907に基づいています。この規格により、NFTアイテムを所有権と利用権の異なる範囲で取り扱うことができるようになり、特に貸し借りサービスが安全に実行できるようになりました。

5-2 環境構築

第４章と同様に、本章で構築するアプリのレポジトリをローカル環境にダウンロードします。

```
$ git clone https://github.com/symbol-books/blockchain-writing-
project-nft.git
Cloning into 'blockchain-writing-project-nft'...
remote: Enumerating objects: 474, done.
remote: Counting objects: 100% (474/474), done.
remote: Compressing objects: 100% (155/155), done.
remote: Total 474 (delta 279), reused 474 (delta 279), pack-reused 0
Receiving objects: 100% (474/474), 544.23 KiB | 11.11 MiB/s, done.
Resolving deltas: 100% (279/279), done.
```

ここも同様に、ディレクトリを移動し、次のように`npm i`を実行して、必要なパッケージをインストールします。

```
$ cd blockchain-writing-project-nft
$ npm i
added 755 packages, and audited 756 packages in 49s

155 packages are looking for funding
  run `npm fund` for details

4 moderate severity vulnerabilities

To address all issues, run:
  npm audit fix

Run `npm audit` for details.
```

5-2-1 ローカル環境での確認

npm run devを実行して、ローカル環境でアプリケーションを起動します。

```
$ npm run dev
ready - started server on 0.0.0.0:3000, url: http://localhost:3000
(node:31413) ExperimentalWarning: The Fetch API is an experimental fe
ature. This feature could change at any time
(Use `node --trace-warnings ...` to show where the warning was creat
ed)
event - compiled client and server successfully in 2.6s (165 modules)
```

コマンドを実行したら、Webブラウザで「**http://localhost:3000**」を開いてください。

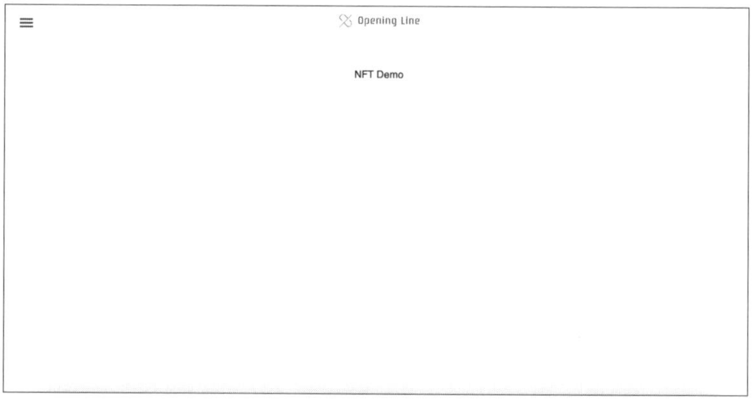

● 図5-4　アプリケーションの起動画面

5-3 コード解説

実行したアプリケーションのコードについて、重要な部分を抜粋して解説していきます。

5-3-1 createnft

createnftでは、Symbolチェーン上のモザイク（トークン）とNFTのデータを関連付けることでNFTを作成します。この操作を行うには、次の3つのトランザクションが必要となります。

- モザイク作成トランザクション
- モザイク供給量変更トランザクション
- モザイクメタデータ変更トランザクション

それぞれについて解説していきます。

●モザイク作成トランザクション

このトランザクションでは、モザイク（Symbolチェーン上のトークン）を作成します。このトランザクションで設定した内容のモザイクがトークンとして流通するため、NFTに適したモザイクとなるように設定する必要があります。NFTの作成には、次のように設定します。

- モザイクの属性：転送可能な設定にしなければならない
- モザイクの可分性：0に設定し、最小単位が1になるようにする
- モザイクの有効期間：0に設定し、無期限にしなければならない

これらを反映すると、コードは次のようになります。

○ src/utils/createNFTTransaction.tsより抜粋

```
  const nonce = MosaicNonce.createRandom();//モザイクIDの生成に使用するランダムなノンスを生成します。
  const clientPublicAccount = PublicAccount.createFromPublicKey(clientPublicKey, networkType);
  const mosaicId = MosaicId.createFromNonce(nonce, clientPublicAccount.address); //ノンスとアドレスから生成するIDを生成します
  const mosaicDefinitionTransaction = MosaicDefinitionTransaction.create(
    Deadline.create(epochAdjustment),//トランザクションの有効期間を設定します
    nonce,//生成したノンスを設定します
    mosaicId,//生成したモザイクIDを設定します
    MosaicFlags.create(false,true,false,false),//モザイクの属性、左から(送受信制限の可否、転送の可否、供給量変更の可否、没取の可否)を示します。NFTの場合は転送のみtrueに設定します
    0,//トークンの最小単位を設定します。NFTの場合は0にします
    UInt64.fromUint(0),//有効期間を示します。NFTの場合は0(期限なし)に設定します
    networkType//チェーンのタイプを指定します
  ).setMaxFee(100);//手数料定数を設定します。通常100に設定します。
```

なお、有効期間を数値で設定することで、特定の期間のみに有効なトークンを作成できます。たとえば、数値として`2880`を設定した場合、2,880ブロックの間、モザイクが有効になります。Symbolメインネットにおいては、おおよそ30秒ごとに1ブロック生成されるため、この場合は2,880×30秒、すなわち約1日間有効なモザイクを作成できます。

●モザイク供給量変更トランザクション

このトランザクションでは、モザイクの数量を変更します。モザイク発行当初、モザイクの総供給量は`0`に設定されています。このため、モザイクを発行しただけではブロックチェーンのトークン（通貨）としては活用できません。そこで、このトランザクションを実行して供給量を設定しています。今回はモザイクのNFTを発行するため、数量を`1`に設定します。

○ src/utils/createNFTTransaction.tsより抜粋

```
  const mosaicSupplyChangeTransaction = MosaicSupplyChangeTransaction
.create(
    Deadline.create(epochAdjustment), //トランザクションの有効期間を
設定します
    mosaicId, //生成したモザイクIDを設定します
    MosaicSupplyChangeAction.Increase, //数量の操作方向を決定します、
今回は0から1に変更するためIncreaseを設定します。
    UInt64.fromUint(1), //変更する数量を設定します。今回は1だけ増やす
ため1に設定します
    networkType, //チェーンのタイプを指定します
  );
```

なお、数値を**1**以外に設定することでFTを作成できます。例えば**10**に設定した場合、10枚のFTを作成できます。

●モザイクメタデータ変更トランザクション

これらのトランザクションでは、モザイクにメタデータを紐付けます。紐付けを行うことでモザイクIDからNFTの情報を取得し、NFTを閲覧できるようになります。今回はNFTを作成するため、次の情報を紐付ける必要があります。

- **NAME**：名前
- **IMAGE**：URL
- **DESCRIPTION**：説明

次のようにして、これらの情報をモザイクに登録します。

○ src/utils/createNFTTransaction.tsより抜粋

```
  const nameMetadataTransaction = MosaicMetadataTransaction.create(
    Deadline.create(epochAdjustment),//トランザクションの有効期間を設
定します
    clientPublicAccount.address,//発行者のアドレスを指定します
    KeyGenerator.generateUInt64Key('NAME'),//メタデータのキー(インデ
ックス)を設定します。今回は'NAME'で生成します
    mosaicId,//生成したモザイクIDを設定します
    Convert.utf8ToUint8(name).length,//登録するデータのバイト数を入力
します
```

```
    Convert.utf8ToUint8(name),//登録するデータをバイト列(uint8)に変換
します
    networkType, //チェーンのタイプを指定します
  );
  const imageUrlMetadataTransaction = MosaicMetadataTransaction.crea
te(
    Deadline.create(epochAdjustment),//トランザクションの有効期間を設
定します
    clientPublicAccount.address,//発行者のアドレスを指定します
    KeyGenerator.generateUInt64Key('IMAGE'),//メタデータのキー(インデ
ックス)を設定します。今回は'IMAGE'で生成します
    mosaicId,//生成したモザイクIDを設定します
    Convert.utf8ToUint8(imageUrl).length,//登録するデータのバイト数を
入力します
    Convert.utf8ToUint8(imageUrl),//登録するデータをバイト列(uint8)に
変換します
    networkType,//チェーンのタイプを指定します
  );
  const descriptionMetadataTransaction = MosaicMetadataTransaction.cr
eate(
    Deadline.create(epochAdjustment),//トランザクションの有効期間を設
定します
    clientPublicAccount.address,//発行者のアドレスを指定します
    KeyGenerator.generateUInt64Key('DESCRIPTION'),//メタデータのキー(
インデックス)を設定します。今回は'DESCRIPTION'で生成します
    mosaicId,//生成したモザイクIDを設定します
    Convert.utf8ToUint8(description).length,//登録するデータのバイト
数を入力します
    Convert.utf8ToUint8(description),//登録するデータをバイト列(uint
8)に変換します
    networkType,
  );
```

それぞれ次のように対応しています。

項目	モザイク	メタデータ
名前	nameMetadataTransaction	NAME
URL	imageUrlMetadataTransaction	IMAGE
説明	descriptionMetadataTransaction	DESCRIPTION

●トランザクションのアナウンス

ここまでで作成したトランザクションを1つのアグリゲートトランザクションにまとめます。

○ src/utils/createNFTTransaction.tsより抜粋

```
const aggregateTransaction = AggregateTransaction.createComplete(
  Deadline.create(epochAdjustment),
  [
    mosaicDefinitionTransaction.toAggregate(clientPublicAccount),
    mosaicSupplyChangeTransaction.toAggregate(clientPublicAccount),
    nameMetadataTransaction.toAggregate(clientPublicAccount),
    imageUrlMetadataTransaction.toAggregate(clientPublicAccount),
    descriptionMetadataTransaction.toAggregate(clientPublicAccount)
  ],
  networkType,
  [],
).setMaxFeeForAggregate(100,1);
```

これでNFTを作成できるトランザクションが完成しました。作成したトランザクションをSSSで署名し、ブロックチェーン上にNFTを発行します。次のようにしてトランザクションをSSSに送信し、アナウンスします。**window.SSS.requestSign()**でトランザクションを送信し、署名を行います。

○ src/utils/createNFTTransaction.tsより抜粋

```
const NODE = await connectNode(nodeList);
if (NODE === '') return undefined;
const repo = new RepositoryFactoryHttp(NODE, {
  websocketUrl: NODE.replace('http', 'ws') + '/ws',
  websocketInjected: WebSocket,
});
const txRepo = repo.createTransactionRepository();
const tsRepo = repo.createTransactionStatusRepository();
const listener = repo.createListener();

window.SSS.setTransaction(tx)
const signedTx:SignedTransaction = await new Promise((resolve) => {
  resolve(window.SSS.requestSign());
})
```

```
  const signerPublicAccount = PublicAccount.createFromPublicKey(signe
dTx.signerPublicKey, networkType);
  if(typeof(signerPublicAccount)==="undefined")throw new Error("Trans
action Singer is undefined");
  await firstValueFrom(txRepo.announce(signedTx));
```

　このコードが実行されると、図5-4のように、SSSでトランザクションの署名を求められます。内容を確認の上[SIGN]ボタンを押すと署名が完了します。

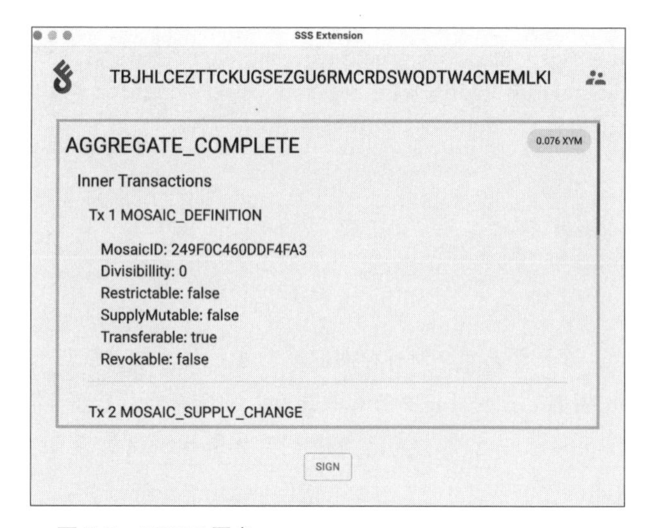

● 図5-5　NFTの署名

　トランザクションが承認状態になれば、NFTの完成です。

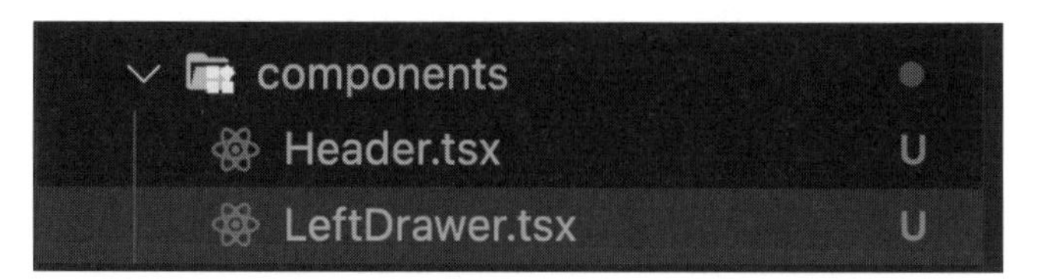

● 図5-6　NFTの作成完了

5-3-2 checkNFT

checkNFTでは、発行されたモザイクIDからSymbolブロックチェーン上に登録されたメタデータを取得し、NFTを表示します。Symbolブロックチェーンからメタデータを取得して表示するには、次のような処理が必要となります。

- モザイクIDからのメタデータ取得
- NFTに関連するメタデータへの絞り込み
- UIの表示処理

●モザイクIDからのメタデータ取得

モザイクIDからSymbolブロックチェーンのメタデータを取得します。symbol-sdkの**MetaDataRepository()**を利用すると、簡単にメタデータが取得できます。

○ src/utils/getMosaicInfo.tsより抜粋

```
    const NODE = await connectNode(nodeList);
    if (NODE === '') return undefined;
    const repo = new RepositoryFactoryHttp(NODE, {
      websocketUrl: NODE.replace('http', 'ws') + '/ws',
      websocketInjected: WebSocket,
    });

    const metaRepo = repo.createMetadataRepository();
    const mosaicRepo = repo.createMosaicRepository();
    const mosaicId = new MosaicId(id);
    const metadata = (await firstValueFrom(metaRepo.search({targetId:
mosaicId}))).data;
    const mosaicInfo = await firstValueFrom(mosaicRepo.getMosaic(mosa
icId));
```

ここで取得できる情報は、モザイクに関連付けられた全てのメタデータとなります。

●NFTに関連するメタデータへの絞り込み

取得したメタデータのうち、NFTに関連する物に絞り込みます。具体的には、

NFT作成時に紐付けた**NAME**、**IMAGE**、**DESCRIPTION**のインデックスを持つデータのみに絞り込みます。

```
    const nameKey = KeyGenerator.generateUInt64Key('NAME').toHex();
//NAMEのキーを生成します
    const imageUrlKey = KeyGenerator.generateUInt64Key('IMAGE').toH
ex(); //IMAGEのキーを生成します
    const descriptionKey = KeyGenerator.generateUInt64Key('DESCRIPTI
ON').toHex(); //DESCRIPTIONのキーを生成します
    const mosaicInfo = await getMosaicInfo(mosaicId);
    const nameInfo = mosaicInfo?.metadata.find(item=>item.metadataEnt
ry.scopedMetadataKey.toHex() === nameKey);//NAMEに一致するデータを取
得します
    const imageUrlInfo = mosaicInfo?.metadata.find(item=>item.metadat
aEntry.scopedMetadataKey.toHex() === imageUrlKey);//IMAGEに一致するデ
ータを取得します
    const descriptionInfo = mosaicInfo?.metadata.find(item=>item.meta
dataEntry.scopedMetadataKey.toHex() === descriptionKey);//DESCRIPTION
に一致するデータを取得します
```

これで、NFTの作成時に紐付けたデータをSymbolブロックチェーンから取得できました。

UIの表示処理

取得したデータを利用してNFTを表示します。本書のデモアプリの表示を抜粋します。

○ src/pages/checknft/index.tsxより抜粋

```
    {name !== '' ? (
    <Grid container alignItems="center" justifyContent="center">

    <Card sx={{maxWidth:230, m:2}}>
        <CardHeader
            title={name}
            subheader={"ID: "+mosaicId}
        />
        <CardMedia
            sx={{height:100, pt:"5%",pb:"5%"}}
```

```
            component="img"
            image={imageUrl}
        />
        <CardContent>
        <Typography variant="body2" color="textSecondary" component=
"p">
            {description}
        </Typography>
        </CardContent>
    </Card>

    </Grid>
    ) : (
    <></>
    )}
```

図5-7のように表示することが可能です。

● 図5-7　NFTの確認

5-3-3 checkaddressnft

checkaddressnftでは、アドレスが保有するNFTを全て表示します。それには、次のような処理が必要となります。

- アドレスの保有するモザイク一覧の取得
- モザイクの絞り込み
- UIの表示処理

●アドレスの保有するモザイク一覧の取得

まず、対象アドレスの持つモザイクを全て取得します。次のようにしてモザイク一覧を取得できます。

○ src/utils/getAccountNft.tsより抜粋

```
    const acRepo = repo.createAccountRepository();
    ~ 中略~
    const clientAddress = Address.createFromRawAddress(address);
    const accountInfo = await firstValueFrom(acRepo.getAccountInfo(cl
ientAddress));
    const accountMosaics = accountInfo.mosaics;
```

●モザイクの絞り込み

取得したモザイクの一覧には、NFT以外のトークンが含まれていることがあります。そこで、NFTの要件を満たしているモザイクのみに絞り込みます。

createnftで作成したNFTは、**NAME**、**IMAGE**、**DESCRIPTION**をキーとして保持しています、そこで、この3つを持つモザイクのみに絞り込みます。

○ src/utils/getAccountNft.tsより抜粋

```
    const nftMosaics:NFT[] = [];
    for(const mosaic of accountMosaics){
        const mosaicInfo = await getMosaicInfo(mosaic.id.toHex());
        if(typeof(mosaicInfo)!=="undefined" && mosaicInfo.metadata.le
ngth ===3){
            const nameInfo = mosaicInfo?.metadata.find(item=>item.met
adataEntry.scopedMetadataKey.toHex() === nameKey);
```

```
            const imageUrlInfo = mosaicInfo?.metadata.find(item=>it
em.metadataEntry.scopedMetadataKey.toHex() === imageUrlKey);
            const descriptionInfo = mosaicInfo?.metadata.find(item=>i
tem.metadataEntry.scopedMetadataKey.toHex() === descriptionKey);
            if(typeof(nameInfo) !== 'undefined' && typeof(imageUrlIn
fo) !== 'undefined'&& typeof(descriptionInfo) !== 'undefined'){
                console.log(mosaicInfo)
                nftMosaics.push({
                    mosaicId:mosaicInfo.mosaicInfo.id.toHex(),
                    name:nameInfo.metadataEntry.value,
                    imageUrl: imageUrlInfo.metadataEntry.value,
                    description: descriptionInfo.metadataEntry.value
                })
            }
        }
    };
```

これでNFTの一覧が取得できました。続いて、取得したデータをUIに反映します。

UIの表示処理

一覧を出力します。

○ src/pages/checkaddressnft/index.tsxより抜粋

```
    <Grid container alignItems="center" justifyContent="center">
    {nfts.length>0&&
        nfts.map((item: NFT, index) => (
        <div key={item.mosaicId} className="group relative">
        <Card sx={{maxWidth:230, m:2} }>
        <CardHeader
            title={item.name}
            subheader={"ID: "+item.mosaicId}
        />
        <CardMedia
            sx={{height:100, pt:"5%",pb:"5%"}}
            component="img"
            image={item.imageUrl}
        />
        <CardContent>
        <Typography variant="body2" color="textSecondary" component=
"p">
```

```
            {item.description}
        </Typography>
        </CardContent>
    </Card>
    </div>
    ))}
    </Grid>
```

アドレスの保有するNFTの検索が完了すると、次のようにNFTが一覧表示されます.

● 図5-8　アドレスからの確認

5-4 本章のまとめ

本章では、次のことを学びました。

- モザイク作成の方法
- メタデータの使い方
- モザイクのメタデータによる絞り込み方法

発展として、NFTウォレットのようなものを作ることも可能です。

●ハンズオンの動画URL

`git clone`するのではなく、一から構築する一連の様子をYouTubeで公開しているので、参考にしてみてください。

```
https://www.youtube.com/playlist?list=PLZOODM4SRY_SUcCqqdCXQ_iDfPhhBb5Tr
```

第6章 「アポスティーユ」のWebアプリケーション開発

大事に際しては、細目とても軽んずべからず。

― フランスの格言

アポスティーユ(公証)とは、本来、公的文書や証明書を国際的に有効な文書として認識させるための手続きを指します。本章では、ブロックチェーン技術がもたらす信頼性と永続性を利用して、デジタルファイルの存在証明を提供する機能の名称として使っています。この機能をWebアプリケーションに組み込むことで、誰でも簡単にデジタルデータを保証できます。

6-1 デモアプリの概要

本章で作成するデモアプリでは、「Apostilleの作成」で画像ファイル（jpg、png）ファイルをアップロードすると、Apostilleアカウントが生成されます。そして、生成された際のメッセージやメタデータにファイルのハッシュ値やタイトルなどの情報を書き込み、秘密鍵を破棄します。

そうすることで、誰も改竄できない形でブロックチェーン上にファイル情報を記録できます。また、このApostilleアカウントとファイルを指定すると、同一のファイルであるかが検証可能になります

本章では、主に「Apostilleの作成」部分の解説を行なっていきます。

6-1-1 オーナーオプションとマルチシグアカウント

前述の方法では、Apostilleアカウントが記録を保持しており、そのファイルを誰が保有しているかという情報は記録されておりません。

そのファイルのオーナーであることを証明する方法はいくつかあるのですが、ここではApostilleアカウントをマルチシグアカウントにし、そのメンバーアカウントとして自分のアカウントを追加することで所有を表現しています。

この際、後から情報を書き換えることができないように、別の仮アカウントを生成してマルチシグアカウントのメンバーに入れて秘密鍵を破棄することで、「自分が所有はしているがApostilleアカウントの情報を書き換えることはできない」という状態にしています。

また、次章で説明するマイページ機能では、自分がオーナーであるApostilleアカウントの一覧を表示できるようにします。

Column メタデータは上書き可能？

　今回の例ではアカウントのメタデータに情報を書き込んでいますが、このメタデータは上書きすることが可能です。ブロックチェーンなのにデータの変更ができるということになりますが、実際は変更の履歴は存在しており、上書きされているように見えるだけです。

　そのため、「上書き」（実際には履歴は残る）が行われないように、デモアプリではApostilleアカウントの秘密鍵を破棄しています。

6-2 アプリ動作イメージ

アポスティーユするファイルをアップロードしてタイトルを付けます

● 図6-1　アポスティーユの実施

トランザクション詳細

ブロック高:	593848
期限:	2023-06-30 16:59:42.218
Signer:	alice
署名者公開鍵:	C57096FF4507B39B79F49EB486EBD5E1673B2448974C64231A23CB5BB6E78540
署名:	D3268F4A0D3FC20C72A07B7FEC3A548E803E2C39FB53603188F7B65B38970CEF002D8B032FA48AAD76160570D34CE084 69E948A399EA93201D361A6C5A5C940B

トランザクション詳細

送信者:	alice
宛先:	TDILUJTUWB5M72ZTULOA7UAACKN63E5Z2HOH7DQ
メッセージ:	fe4e54598395FD0FA785DE6875E2257D84968052E8759BDC27DDBBC00D7F67ABC4465EA07CAE6658DDE3E99050B4749 C6123B434F81C17FB47859CF905E9B10A07A824EA0D

送信者:	TDILUJTUWB5M72ZTULOA7UAACKN63E5Z2HOH7DQ
ターゲット:	TDILUJTUWB5M72ZTULOA7UAACKN63E5Z2HOH7DQ
バリューサイズデルタ:	12
バリューデルタ:	E38388E383A9E38383E382AF（テキスト：トラック）
スコープ付きメタデータキー:	A801BEEB799108BC

送信者:	TDILUJTUWB5M72ZTULOA7UAACKN63E5Z2HOH7DQ
ターゲット:	TDILUJTUWB5M72ZTULOA7UAACKN63E5Z2HOH7DQ
バリューサイズデルタ:	35
バリューデルタ:	E38388E383A9E38383E382AFE381AEE382A2E382A4E382B3E383B3202831292E706E67（テキスト：トラックのアイコン

● 図6-2　アドレス

ブロックチェーン上に、アポスティーユアカウントが生成されていることが確認できます。

この例の場合は、「TDILUJTUWB5M72ZTULOA7UAACKN63E5Z2HOH7DQ」です。

アプリの動作については、次のURLでも確認できます。

```
https://www.youtube.com/playlist?list=PLZO0DM4SRY_SUcCqqdCXQ_
iDfPhhBb5Tr
```

6-3 環境構築

本章で構築するアプリのレポジトリをローカル環境にダウンロードします

```
$ git clone https://github.com/symbol-books/blockchain-writing-
project-aposrtille.git
Cloning into 'blockchain-writing-project-aposrtille'...
remote: Enumerating objects: 177, done.
remote: Counting objects: 100% (177/177), done.
remote: Compressing objects: 100% (78/78), done.
remote: Total 177 (delta 76), reused 177 (delta 76), pack-reused 0
Receiving objects: 100% (177/177), 557.08 KiB | 11.85 MiB/s, done.
Resolving deltas: 100% (76/76), done.
```

ディレクトリを移動し、次のようにnpm iを実行して、必要なパッケージをインストールします。

```
$ cd blockchain-writing-project-aposrtille
$ npm i
added 759 packages, and audited 760 packages in 56s

155 packages are looking for funding
  run `npm fund` for details

4 moderate severity vulnerabilities

To address all issues, run:
  npm audit fix

Run `npm audit` for details.
```

6-3-1 ローカル環境での確認

npm run devを実行して、ローカル環境でアプリケーションを立ち上げます。

```
$ npm run dev
(node:6548) ExperimentalWarning: The Fetch API is an experimental fea
ture. This feature could change at any time
(Use `node --trace-warnings ...` to show where the warning was creat
ed)
event - compiled client and server successfully in 2.8s (165 modules)
wait  - compiling / (client and server)...
event - compiled client and server successfully in 11.9s (11740 modul
es)
```

コマンドを実行したら、Webブラウザで「http://localhost:3000」を開いてください。

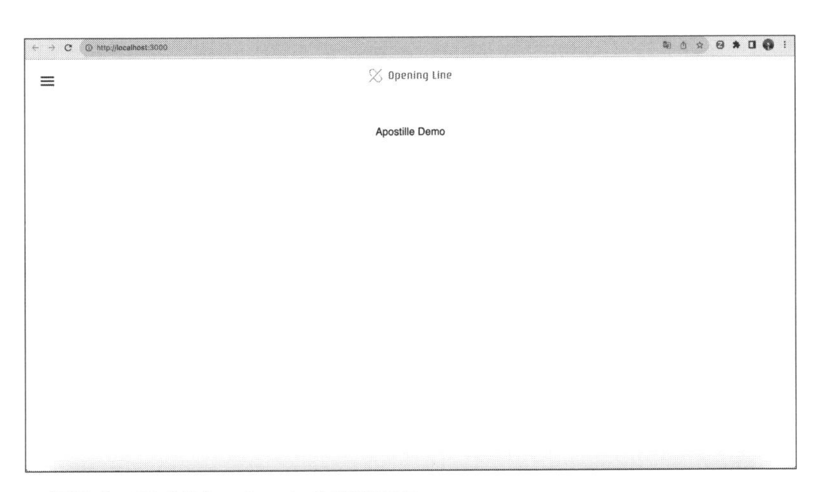

● 図6-3 アプリケーションの起動画面

6-4 コード解説

主にブロックチェーン技術に関する部分について、コードの解説を行います

6-4-1 アポスティーユの作成

アポスティーユアカウントの生成部分です

● src/libs/ApostilleTransaction.ts

この部分は、Apostilleというデータ証明システムに関連したトランザクションを作成するクラス（**ApostilleTransaction**）を定義しています。Apostilleは、ブロックチェーンに存在するデータの真正性を証明するためのスタンダードで、特にNEMやSymbolなどのブロックチェーンで利用されています。

○ コンストラクタと静的メソッドcreate

```
~ 中略 ~
export class ApostilleTransaction {
  public readonly multisigAccount: Account;
  private constructor(                                   ─┐
    public readonly apostilleAccount: ApostilleAccount,   │
    private readonly txMsg: string,                       ├─①
    private readonly option?: ApostilleOption             │
  ) {                                                    ─┘
    this.multisigAccount = Account.generateNewAccount(152);
  }

  public static create(                                  ─┐
    data: ArrayBuffer,                                    │
    fileName: string,                                     ├─②
    owner: string,                                        │
    option?: ApostilleOption                             ─┘
  ) {
```

```
    const apostilleAccount = ApostilleAccount.create(fileName, own
er);
    const signedHash = apostilleAccount.getSignedHash(data);
    const hashFuncId = '83';
    const txMsg = `fe4e5459${hashFuncId}${signedHash}`; // fe4e5459 :
checkSum , 83 : sha256 , {signedHash} : signedHash
    return new ApostilleTransaction(apostilleAccount, txMsg, option);
  }
~ 中略 ~
```

①では、特定の引数に基づいて新しいインスタンスを作成するためのプライベートなコンストラクタと、パブリックな読み取り専用変数**multisigAccount**を持つクラスを定義しています。

コンストラクタは、次の引数を受け取ります。

- **apostilleAccount**：ApostilleAccount型のオブジェクト
- **txMsg**：string型のトランザクションメッセージ
- **option**：ApostilleOption型のオプション（オプショナル）

コンストラクタの中では、次のことが行われています。

1. クラス内の**apostilleAccount**変数に**apostilleAccount**を代入する
2. クラス内の**txMsg**変数に**txMsg**を代入する
3. クラス内の**option**変数に**option**を代入する
4. **multisigAccount**変数に**Account.generateNewAccount(152)**の結果を代入する
5. **generateNewAccount**メソッドで、新しいアカウントを生成する
6. 公開されている**multisigAccount**変数は、外部から参照できる読み取り専用の変数で、新しいインスタンスが作成されるたびに異なるアカウントが生成される

②では、与えられたデータに対してApostilleトランザクションを作成します。具体的には、渡されたデータを基にファイル名とオーナー情報から**ApostilleAccount**を作成し、そのアカウントを使用してデータのハッシュを取得します。ハッシュ関数のIDは**83**として設定されています。

生成されたハッシュとハッシュ関数のIDを組み合わせてトランザクションメッセージを作成し、新しい**ApostilleTransaction**インスタンスを返します。このインスタンスは、**ApostilleAccount**およびトランザクションメッセージを持つ**ApostilleTransaction**のオブジェクトです。

○ トランザクション作成関連のメソッド

```
~ 中略 ~

  private createCoreTransaction() {
    return TransferTransaction.create(          ─┐
      Deadline.create(epochAdjustment),           │
      this.apostilleAccount.account.address,      │
      [],                                         ├─①
      PlainMessage.create(this.txMsg),            │
      152                                         │
    ).toAggregate(this.apostilleAccount.owner);  ─┘
  }

  private createOwnerTransaction() {                                          ②
    return MultisigAccountModificationTransaction.create(
      Deadline.create(epochAdjustment),
      2,
      2,
      [this.apostilleAccount.owner.address, this.multisigAccount.addr
ess],
      [],
      152
    ).toAggregate(this.apostilleAccount.account.publicAccount);
  }

                                                                              ③
  private createMetadataTransaction(key: string, value: string) {
    const metadataValue = Convert.utf8ToUint8(value);
    return AccountMetadataTransaction.create(
      Deadline.create(epochAdjustment),
      this.apostilleAccount.account.address,
      MetadataKeyHelper.generateUInt64KeyFromKey(key),
      metadataValue.length,
      metadataValue,
      152
    ).toAggregate(this.apostilleAccount.account.publicAccount);
  }
~ 中略 ~
```

①では、転送トランザクションを作成します。この転送トランザクションのメッセージは、**Apostille**のトランザクションであることを示すチェックサムの**fe4e5459**、ハッシュ関数の種別を示すID（SHA-256の場合**83**）、アポスティーユしたいデータをハッシュ化したものをアポスティーユアカウントで署名したものを組み合わせた形になります。

②は、アポスティーユを作成するユーザーをアポスティーユの所有者としてマルチシグアカウントの構成要素に追加する場合に使われます。アポスティーユアカウントをアポスティーユを作成したアカウントと新規生成したアカウントで2 of 2のマルチシグアカウントに変更します。

③は、アポスティーユに付加情報をキーバリュー形式で追加する場合に使用します

○ createOptionTransactionsメソッドとcreateTransactionメソッド

```
~ 中略 ~
  private createOptionTransactions(): InnerTransaction[] {
    const txs: Transaction[] = [];

    if (this.option) {
      if (this.option.metadata) {
        Object.entries(this.option.metadata).forEach(([key, value])
=> {
          if (value !== '') {
            const tx = this.createMetadataTransaction(key, value);
            txs.push(tx);
          }
        });
      }
      if (this.option.isOwner) {
        const multisigTx = this.createOwnerTransaction();
        txs.push(multisigTx);
      }
    }

    return txs;
  }

  public createTransaction() {
    const coreTx = this.createCoreTransaction();
    const optionTxs = this.createOptionTransactions();
```

```
    const innerTxs = [coreTx, ...optionTxs];
    const aggTx = AggregateTransaction.createComplete(
      Deadline.create(epochAdjustment),
      innerTxs,
      152,
      []
    ).setMaxFeeForAggregate(100, 2);

    return aggTx;
  }
}
```

createOptionTransactionsメソッドは、オプションに基づいた追加のトランザクションを作成します。たとえば、メタデータやマルチシグトランザクションなどが作成されます。

createTransactionメソッドは、最終的にトランザクションを作成します。これにはコアトランザクションとオプショントランザクションの両方が含まれます。

これらのコードは、Symbolブロックチェーン上でApostilleを扱うための実装であり、Apostilleの原則と合致したトランザクションの作成を行っています。

● src/libs/ApostilleAccount.ts

このファイルは、Symbol Blockchain上でアポスティーユ（公証）アカウントを作成・管理するためのクラスを定義しています。

```
import { generationHash } from '@/consts/blockchainProperty';
import { nodeList } from '@/consts/nodeList';
import { sha256 } from 'js-sha256';
import { Account, PublicAccount, Transaction } from 'symbol-sdk';

export class ApostilleAccount {
  public readonly account: Account;
  public readonly owner: PublicAccount;
  public readonly apiEndpoint = nodeList[0];
  public readonly generationHash = generationHash;
```

```
  private constructor(fileName: string, owner: PublicAccount) {
    const now = new Date();
    const seed = `${fileName}-${owner.publicKey}-${now.toString()}`;
    const hash = sha256.update(seed).hex();
    const privateKey = this.fixPrivateKey(hash);
    const account = Account.createFromPrivateKey(privateKey, 152);

    this.account = account;
    this.owner = owner;
  }

  public static create(fileName: string, publicKey: string): Apostill
eAccount {
    const account = PublicAccount.createFromPublicKey(publicKey,
152);
    return new ApostilleAccount(fileName, account);
  }

  public sign(tx: Transaction) {
    return this.account.sign(tx, this.generationHash);
  }

  public getSignedHash(payload: ArrayBuffer) {
    const hash = sha256.update(payload).hex();
    return this.account.signData(hash);
  }

  private fixPrivateKey(privateKey: string) {
    return
`0000000000000000000000000000000000000000000000000000000000000000${pr
ivateKey.replace(
      /^00/,
      ''
    )}`.slice(-64);
  }
}
```

ApostilleAccountクラス（①）は、ファイル名とオーナー（公開鍵）を元にして作成されます。また、このアカウントは、Symbolブロックチェーンのアカウントを表現するために、**symbol-sdk**の**Account**クラスを使用します。

createメソッド（②）は、ファイル名と公開鍵の2つを使って新しい**ApostilleAccount**インスタンスを生成します。公開鍵はSymbolブロックチェーンのアカウントを識別するために使用されます。

signメソッド（③）は、与えられたトランザクションに対してこのアカウントの署名を行います。署名はアカウントの秘密鍵を使用して生成され、トランザクションの真正性を証明します。

getSignedHashメソッド（④）は、与えられたペイロード（データ）に対してSHA-256ハッシュを生成し、そのハッシュに対してアカウントの署名を生成します。この署名はアポスティーユを作成する際に使用されます。

fixPrivateKeyメソッド（⑤）は、SHA-256ハッシュから生成された秘密鍵を修正します。秘密鍵は64桁の16進数でなければならないため、不足する部分を**0**で埋める操作を行います。

src/libs/ApostilleOption.ts

アポスティーユ作成時に追加のオプションを指定するためのインターフェイスを定義しています。オプションにはメタデータと所有権を表すフラグが含まれます。

```
import { ApostilleMetadata } from './ApostilleMetadata';

export interface ApostilleOption {
  metadata?: ApostilleMetadata;
  isOwner?: boolean;
}
```

src/libs/MetadataKey.ts

Symbolブロックチェーンでメタデータを管理する際のキーを生成・管理するためのヘルパークラスを定義しています。

```
import { KeyGenerator, UInt64 } from 'symbol-sdk';

export const MetadataKey = {
  title: 'A801BEEB799108BC',
  filename: 'D298EBA89C34461D',
  description: '9E30087F94867CF9',
};
                                                  ①
const keyToNameMap = {
  [MetadataKey.title]: 'Title',
  [MetadataKey.filename]: 'Filename',
  [MetadataKey.description]: 'Description',
};

export class MetadataKeyHelper {
  public static getKeyNameByKeyId(keyId: UInt64) {
    const keyIdHex = keyId.toHex();
    return keyToNameMap[keyIdHex] || keyIdHex;
  }
                                                  ②
  public static generateUInt64KeyFromKey(key: string) {
    return KeyGenerator.generateUInt64Key(key);
  }
}
```

MetadataKeyオブジェクト（①）は、メタデータのキーを表す文字列を定義しています。**MetadataKeyHelper**クラス（②）は、指定されたキーに対応する**UInt64**オブジェクトを生成する**generateUInt64KeyFromKey**メソッドを提供しています。**UInt64**はSymbol SDKが64ビットの整数を表現するために使用する特殊な型です。

src/libs/ApostilleMetadata.ts

アポスティーユのメタデータを表すためのインターフェイスを定義しています。キーは文字列型で、値も文字列型です。

```
export interface ApostilleMetadata {
  [key: string]: string;
}
```

6-4-2 UI部分

「Apostilleの作成」ページ部分に関して、特にブロックチェーンと関係がある部分を解説します。

src/pages/create/index.tsx

まず、必要なライブラリやコンポーネントをインポートします。

```
import React, { useEffect, useState } from 'react';
import LeftDrawer from '@/components/LeftDrawer';
import Header from '@/components/Header';
import AlertsSnackbar from '@/components/AlertsSnackbar';
import DropZone from '@/components/DropZone';
import { Box, Button, TextField, Typography } from '@mui/material';
import { ApostilleTransaction } from '@/libs/ApostilleTransaction';
import { SSSWindow } from 'sss-module';
import { nodeList } from '@/consts/nodeList';
import { connectNode } from '@/utils/connectNode';
import { firstValueFrom } from 'rxjs';
import { RepositoryFactoryHttp } from 'symbol-sdk';
import Checkbox from '@mui/material/Checkbox';
declare const window: SSSWindow;
~ 中略 ~
```

React、ユーティリティ（**useState**、**useEffect**）、コンポーネント（**LeftDrawer**、**Header**、**AlertsSnackbar**、**DropZone**）、Material UI（GoogleのMaterialデザインをベースに開発されたUIコンポーネントライブラリ）の一部（**Box**、**Button**、**TextField**、**Typography**、**Checkbox**）、**ApostilleTransaction**、その他のライブラリなどです。

次に、ステートの初期化を行います。

```
~ 中略 ~
function Create(): JSX.Element {
  //共通設定
  const [openLeftDrawer, setOpenLeftDrawer] = useState<boolean>(fal
se); //LeftDrawerの設定
```

```
  const [openSnackbar, setOpenSnackbar] = useState<boolean>(false);
//AlertsSnackbarの設定
  const [snackbarSeverity, setSnackbarSeverity] = useState<'error' |
'success'>('error'); //AlertsSnackbarの設定
  const [snackbarMessage, setSnackbarMessage] = useState<string>('');
//AlertsSnackbarの設定

  //ページ個別設定

  const [file, setFile] = useState<File | null>(null);
  const [isOwner, setIsOwner] = useState(false);
  const [title, setTitle] = useState('');

~ 中略 ~
```

useStateフックを使用して、アプリケーションのステートを管理しています。これらのステートには次のようなものがあります。

- **openLeftDrawer**：左側のドロワーが開いているかどうかのステート
- **openSnackbar**、**snackbarSeverity**、**snackbarMessage**:スナックバー（通知バー）の開閉、重要度、メッセージのステート
- **file**：ユーザーが選択したファイルのステート
- **isOwner**：ユーザーが**Apostille**の所有者になるかどうかのステート
- **title**：**Apostille**のタイトルのステート

また、**handleCreateClick**関数は、**Apostille**を作成する処理を担当しています。この関数では、**createApostille**関数が呼び出され、その結果に応じてスナックバー（画面の下部に現れるメッセージ表示領域）のメッセージと重要度が設定され、スナックバーが表示されます。

```
~ 中略 ~
  const handleCreateClick = () => {
    createApostille().then((apostilleTransaction) => {
      if (!!apostilleTransaction) {
        setSnackbarMessage(
          `Apostilleを作成しました。 Address: ${apostilleTransaction.
apostilleAccount.account.address.plain()}`
```

```
      );
      setSnackbarSeverity('success');
      setOpenSnackbar(true);
    }
  });
};
~ 中略 ~
```

その次に登場する**createApostille**関数は非同期関数であり、**Apostille**を作成する主要な処理を行います。この関数では、ファイルが選択されていない場合は処理を中止します。ノードへの接続、**Apostille**トランザクションの作成、トランザクションの署名とアナウンスなどのステップを経て、**Apostille**トランザクションが作成されます。

```
~ 中略 ~
  const createApostille = async () => {
    if (file === null) return undefined;

    const NODE = await connectNode(nodeList);
    if (NODE === '') return undefined;
    const repo = new RepositoryFactoryHttp(NODE, {
      websocketUrl: NODE.replace('http', 'ws') + '/ws',
      websocketInjected: WebSocket,
    });
    const txRepo = repo.createTransactionRepository();
    const data = await file.arrayBuffer();
    const apostilleTransaction = ApostilleTransaction.create(
      data,
      file.name,
      window.SSS.activePublicKey,
      {
        isOwner,
        metadata: {
          title,
          filename: file.name,
        },
      }
    );

    const transaction = apostilleTransaction.createTransaction();
```

```
    window.SSS.setTransaction(transaction);

    const cosignatories = [apostilleTransaction.apostilleAccount.acco
unt];
    if (isOwner) {
      cosignatories.push(apostilleTransaction.multisigAccount);
    }

    const signedTx = await window.SSS.requestSignWithCosignatories(co
signatories);
    await firstValueFrom(txRepo.announce(signedTx));
～ 中略 ～
```

最後の**return**部分では、ページのレンダリング内容が定義されています。ヘッダー、左ドロワー、スナックバーのコンポーネント、ファイルのドロップゾーン、タイトルのテキストフィールド、オーナーになるチェックボックス、Apostilleを作成するボタンなどが配置されています。これらの各コンポーネントや要素は、先に定義したステートや関数と関連付けられています。

```
～ 中略 ～

    return apostilleTransaction;
  };

  return (
    <>
      <Header setOpenLeftDrawer={setOpenLeftDrawer} />
      <LeftDrawer openLeftDrawer={openLeftDrawer} setOpenLeftDrawer={
setOpenLeftDrawer} />
      <AlertsSnackbar
        openSnackbar={openSnackbar}
        setOpenSnackbar={setOpenSnackbar}
        vertical={'bottom'}
        snackbarSeverity={snackbarSeverity}
        snackbarMessage={snackbarMessage}
      />
      <Box display='flex' flexDirection='column' alignItems='center'
marginTop='80px'>
        <Box sx={{ width: '800px' }}>
          <DropZone setFile={setFile} file={file} />
```

```
          <Box marginTop='32px'>
            <TextField
              label='Title'
              placeholder='Apostilleのタイトルを入力してください'
              value={title}
              onChange={(e) => setTitle(e.target.value)}
              fullWidth
            />
          </Box>
          <Box
            display='flex'
            justifyContent='space-between'
            sx={{ width: '100%', marginTop: '32px' }}>
            <Box display={'flex'} alignItems={'center'}>
              <Checkbox
                checked={isOwner}
                onChange={(e: React.ChangeEvent<HTMLInputElement>) =>
setIsOwner(e.target.checked)}
              />
              <Typography>オーナーになる</Typography>
            </Box>
            <Button variant='contained' onClick={handleCreateClick}
disabled={!file}>
              作成する
            </Button>
          </Box>
        </Box>
      </Box>
    </>
  );
}
export default Create;
```

実装が完了すると、図6-4のようなUIになります。

登録する画像をドラッグ＆ドロップもしくはファイル選択ダイアログを使って選びます。

● 図6-4　ファイル選択画面

● 図6-5　画像登録画面

［作成する］ボタンを押すと、SSSでの署名をするためのダイアログが表示されます

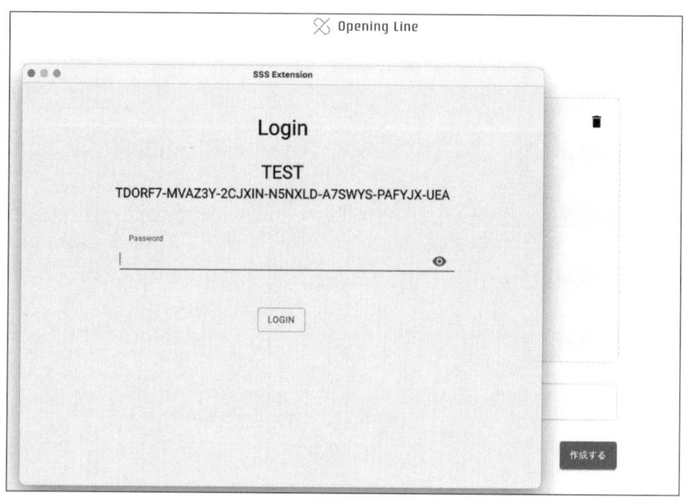

● 図6-6　署名のためログインのダイアログ

SSSで登録したパスワードを入力すると、トランザクションの内容が表示され、この画面の［SIGN］ボタンを押すと署名が完了します。

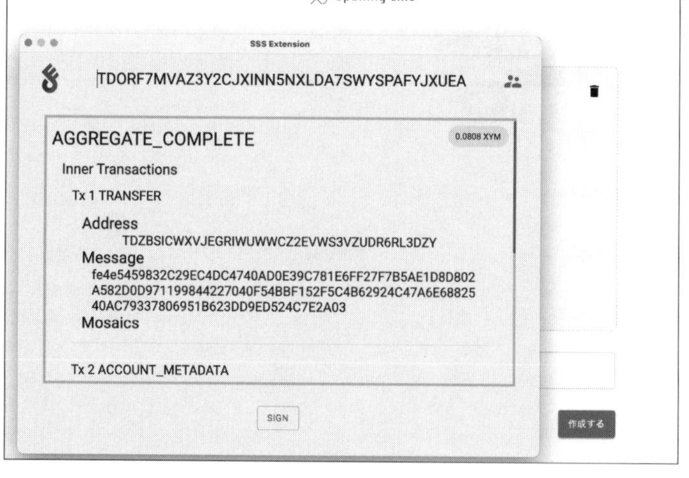

● 図6-7　トランザクション内容の確認

6-5 本章のまとめ

本章では、次のことを学びました。

・メタデータを上書きできないようにアカウントの秘密鍵を破棄すること
・所有を表現するためにマルチシグアカウントを利用すること
・マルチシグアカウントの生成方法

本章で説明したコードによって、デジタルデータをブロックチェーン上で保証する事ができるようになりました。次章では、同じアプリケーションの中で、今回保証したデータの検証を行います。

ハンズオンの動画のURL

`git clone`するのではなく、一から構築する一連の様子をYouTubeで公開しているので、参考にしてみてください。

```
https://www.youtube.com/playlist?list=PLZ0ODM4SRY_SUcCqqdCXQ_iDfPhhBb5Tr
```

第７章
「検証」のWebアプリケーション開発

数値の精度は、まさに科学の核心である。

― ダーシー・トムソン（『生物のかたち』）

前章でアポスティーユされたデータが、本当に改竄されていないかどうかを検証する機能を実装します。アポスティーユされたフォーマットを公開すれば、どのサービス上であってもデジタルデータの検証を行うことが可能です。

7-1 デモアプリの概要

前章で作成したアポスティーユアカウントを「アポスティーユの監査」で指定し、監査するファイルを指定すると、そのファイルがアポスティーユアカウントとして登録された同じファイルであるかどうかを検証できます。

また、アポスティーユアカウントを作成時に「オーナーになる」オプションを付けた場合、「マイページ」から作成したアポスティーユアカウントの一覧を表示できるため、管理が楽になります。

Apostille Address	FileName
TA6PTPORBRWYVKCQIEK7NA4GIKVREQ4LHWPQIYI	c61a-45fb-8d74-4a37e283c6ec.png
TCTSN3QYHQJEWXXXPRP2EFDYPZSS3FDGKCAIUMA	6a88-4bb1-a6ae-d10d02a4423f.png

● 図7-1　マイページ

7-2
アプリの動作イメージ

確認のため、先ほどアポスティーユを実施したファイルとは異なるファイルをアップロードしてみましょう。

● 図7-2　間違ったファイルをアップロード

そうすると、図7-3のようなエラーが表示されます

Apostilleされたファイルと異なります。

● 図7-3　エラー

では、正しいファイルをアップロードしてみましょう。今度は成功した結果が返ってきて、ファイルの証明が確認できます。

Opening Line

Audit Result

Key	Value
Apostille Address	TDILUJTUWB5M72ZTULOA7UAACKN63E5Z2HOH7DQ
Signer Address	TABJ6AP5WNPZF2BEEN2WA6RFK7HR2VCQWXUU6UI
Owner Address	TDILUJTUWB5M72ZTULOA7UAACKN63E5Z2HOH7DQ
Timestamp	Fri Jun 30 2023 15:00:43 GMT+0900 (日本標準時)
Title	トラック
Filename	トラックのアイコン (1).png

● 図7-4　成功

第6章で示したのと同じ次のURLで、動画で動作を確認できます。

```
https://www.youtube.com/playlist?list=PLZO0DM4SRY_SUcCqqdCXQ_
iDfPhhBb5Tr
```

7-3 コード解説

主にブロックチェーン技術に関する部分について、コードの解説を行います。

7-3-1 アポスティーユの監査

アポスティーユアカウントの監査部分です。

src/utils/getTimeStamp.ts

このユーティリティ関数は、指定されたブロック高のタイムスタンプを取得するために使用されます。

```
import { epochAdjustment } from '@/consts/blockchainProperty';
import { nodeList } from '@/consts/nodeList';
import { RepositoryFactoryHttp, UInt64 } from 'symbol-sdk';

export const getTimeStamp = async (height: UInt64): Promise<Date> =>
{
  const NODE_URL = nodeList[0];
  const repositoryFactory = new RepositoryFactoryHttp(NODE_URL);
  const blockRep = repositoryFactory.createBlockRepository();
  const blockInfo = await blockRep.getBlockByHeight(height).toPromi
se();

  if (!blockInfo) return new Date(0);

  const t = Number(blockInfo.timestamp.toString());
  return new Date(t + epochAdjustment * 1000);
};
```

Symbolは、その時間をエポック調整値としてブロックの情報に格納します。そのため、この関数は、指定されたブロックのタイムスタンプを取得し、エポック調整値を加えてJavaScriptの`Date`オブジェクトを生成します。

● src/libs/AuditService.ts

このライブラリには、Apostille auditのコア機能が含まれています。ここではアポスティーユアカウントの公開鍵を使って、署名とデータが改竄されていないことを検証しています。

```
import { sha256 } from 'js-sha256';
import { PublicAccount } from 'symbol-sdk';

export const audit = (blob: ArrayBuffer, payload: string, account: Pu
blicAccount) => {
  const hashedData = sha256.update(blob).hex();
  const message = parseMessage(payload);
  const isValid = account.verifySignature(hashedData, message.signedH
ash); ―――――①
  return isValid;
};

export const parseMessage = (txMessage: string) => { ―┐
  const regex = /^fe4e5459(\d{2})(\w+)/;              │
  const result = txMessage.match(regex);              │
  if (result) {                                       │
    const parsedMessage = {                           │
      hashingTypeStr: result[1],                      ├─②
      signedHash: result[2],                          │
    };                                                │
    return parsedMessage;                             │
  }                                                   │
  throw new Error('It is not apostille message');     │
}; ―――――――――――――――――――――――――――――――――――――――――――――――――――――┘
```

`audit`メソッドの中にある`verifySignature`（①）は、署名者の公開鍵（`account`）、検証データ（`hashedData`）、署名文字列（`message.signedHash`）を引数として、検証データが確かに署名者によって署名されていて改竄されていないことを検証できる機能を持った関数です。

parseMessageメソッド（②）は、入力された文字列がApostilleの規格に合致しているかを確認し、さらに検証に必要なsignedHashとhashのタイプを識別する文字列にパースします。

Column　検証の必要性

ブロックチェーンでは書き込みを行う際にはノード間で同期を行うため、改竄することが非常に困難な仕組みになっています。しかし、参照に関しては特定のノードに対して行うため、接続したノードのデータに誤りがあれば、その誤った情報を取得してしまいます。これを避けるためだけに、毎回複数のノードに情報を参照するのは高コストなので、verifySignatureのように公開された情報を使って、誰もがブロックチェーン上で改竄されていないことを検証できる仕組みが提供されています。

改竄された情報が許されないシステム（特許、金融、防災など）の場合は、受け取り側の実装として検証を組み込むことが必須です。

7-3-2　UI部分（Apostilleの監査）

「Apostilleの監査」部分に関して、特にブロックチェーンと関係がある部分を解説します。

● src/pages/audit/index.tsx

このReactコンポーネントは、Symbolブロックチェーン上の特定のアポスティーユアカウント（公証アカウント）の監査を開始するためのページを提供します。主なパーツとしては、ヘッダー、左ドロワーメニュー、そして中心となるアポスティーユアドレスの入力フィールドと監査ページへ進むボタンが含まれています。

```
import React, { useState } from 'react';
import LeftDrawer from '@/components/LeftDrawer';
import Header from '@/components/Header';
```

```
import { Box, Button, TextField } from '@mui/material';
import { useRouter } from 'next/router';

function Audit(): JSX.Element {
  //共通設定
  const [openLeftDrawer, setOpenLeftDrawer] = useState<boolean>(fal
se); //LeftDrawerの設定

  const router = useRouter();
  const [address, setAddress] = useState<string>('');

  const handleAuditClick = () => {
    router.push(`/audit/${address}`);
  };

  return (
    <>
      <Header setOpenLeftDrawer={setOpenLeftDrawer} />
      <LeftDrawer openLeftDrawer={openLeftDrawer} setOpenLeftDrawer={
setOpenLeftDrawer} />
      <Box display='flex' flexDirection='column' alignItems='center'
marginTop='80px'>
        <Box sx={{ width: '800px' }}>
          <Box display='flex' sx={{ width: '100%', marginTop: '32px'
}}>
            <TextField
              fullWidth
              label='Apostille Address'
              placeholder='Apostille Accountのアドレスを入力してくだ
さい'
              value={address}
              onChange={(e) => setAddress(e.target.value)}
            />
          </Box>
          <Box display='flex' justifyContent='end' sx={{ width:
'100%', marginTop: '32px' }}>
            <Button variant='contained' onClick={handleAuditClick} di
sabled={address.length !== 39}>
              監査ページへ進む
            </Button>
          </Box>
        </Box>
      </Box>
```

```
    </>
  );
}
export default Audit;
```

ここでは次に示すReactおよびNext.jsの機能を利用しています。

- **useState**：Reactのフックで、コンポーネント内で状態を持つことを可能にする。ここでは、左ドロワーメニューが開いているかどうかを表す**openLeftDrawer**と、入力されたアポスティーユアドレスを保持する**address**という2つの状態を持っている
- **useRouter**：Next.jsのフックで、ページ遷移を制御するためのルータオブジェクトを提供する
- **TextField**：Material UIのコンポーネントで、ユーザーがアポスティーユアドレスを入力するためのテキストフィールドを提供する。入力値は**address**状態に保存される
- **Button**：Material UIのコンポーネントで、クリックされると監査ページへの遷移を開始する。ボタンは**address**の長さが正しい場合のみに有効になる（アポスティーユアドレスの長さは、通常は39文字）

このコンポーネントは、ユーザーがアポスティーユアドレスを入力し、そのアドレスの監査を開始するためのシンプルなインターフェイスを提供します。監査を開始するためには、ユーザーはアポスティーユアドレスを入力し、[監査ページへ進む] ボタンをクリックするだけです。

● src/pages/audit/[address]/index.tsx

アドレスを入力したのちの挙動のページです。このReactコンポーネントは、Apostille audit serviceのメインページとして機能します。

```
~ 中略 ~
interface AuditResult {
  isValid: boolean;
  apostilleAddress: string;
  ownerAddress: string;
```

```
  signerAddress: string;
  timestamp: string;
  metadata: { key: string; value: string }[];
}
~ 中略 ~
```

ブロックチェーン上の特定のアドレスのトランザクションを読み込み、そのトランザクションが**Apostille**によって生成されたものであることを確認します。ファイルが選択され、［監査する］ボタンが押されると、ファイルの内容とトランザクションの内容が一致するかどうかの確認が行われ、結果が画面に表示されます。なお、**AuditResult**は検証した結果の型を指定します。

次に、**useState**フックを使用して、アプリケーションのステートを管理しています。**address**は、前のページで入力されたアポスティーユアカウントのアドレスが入ります。

```
~ 中略 ~
function Audit(): JSX.Element {
  //共通設定
  const [openLeftDrawer, setOpenLeftDrawer] = useState<boolean>(fal
se); //LeftDrawerの設定
  const [openSnackbar, setOpenSnackbar] = useState<boolean>(false);
//AlertsSnackbarの設定
  const [snackbarSeverity, setSnackbarSeverity] = useState<'error' |
'success'>('error'); //AlertsSnackbarの設定
  const [snackbarMessage, setSnackbarMessage] = useState<string>('');
//AlertsSnackbarの設定

  const router = useRouter();
  const { address } = router.query;

  const [file, setFile] = useState<File | null>(null);
  const [hash, setHash] = useState<string>('');
  const [publicKey, setPublicKey] = useState('');
  const [auditResult, setAuditResult] = useState<AuditResult | null>(
null);
~ 中略 ~
```

さらに、useEffectでaddressがApostilleのアカウントかどうかのチェックを行ないます。publicKeyと記録を行ったhashを取得しています。

```
~ 中略 ~
  useEffect(() => {
    if (!address) return;
    const f = async () => {
      try {
        const NODE = await connectNode(nodeList);
        if (NODE === '') return undefined;
        const repo = new RepositoryFactoryHttp(NODE, {
          websocketUrl: NODE.replace('http', 'ws') + '/ws',
          websocketInjected: WebSocket,
        });

        const accountRepo = repo.createAccountRepository();
        const account = await accountRepo
          .getAccountInfo(Address.createFromRawAddress(`${address}`))
          .toPromise();

        if (!account) return;

        setPublicKey(account.publicKey);
        const txRepo = repo.createTransactionRepository();

        const tx = await txRepo
          .search({
            group: TransactionGroup.Confirmed,
            address: Address.createFromRawAddress(`${address}`),
            order: Order.Asc,
          })
          .toPromise();
        console.log({ tx });
        if (!tx) return;
        const h = tx.data[0].transactionInfo?.hash;
        console.log({ h });

        if (!h) {
          setSnackbarSeverity('error');
          setSnackbarMessage('Apostille Account ではありません。');
          setOpenSnackbar(true);
          return;
```

```
        }
        setHash(h);
      } catch (e) {
        console.log(e);
        setSnackbarSeverity('error');
        setSnackbarMessage('Apostille Account ではありません。');
        setOpenSnackbar(true);
      }
    };
    f();
  }, [address]);
~ 中略 ~
```

そして、実際に監査を行う部分です。**handleAuditClick**は確認ダイアログで［監査する］ボタンが押されると実行されます。ブロックチェーン上に記録されたファイルのハッシュ値は、アグリゲートトランザクションの0番目のインナートランザクションのメッセージペイロードなので、**getTransaction**で**hash**からトランザクションを復元して内部の情報を参照していきます。

検証は、先ほど定義した**AuditService.ts**の**audit**を呼び出すことで行えます。検証で成功すると、画面に表示するために必要な情報をアグリゲートトランザクションの他のインナートランザクションから取得します。

```
~ 中略 ~
const handleAuditClick = async () => {
    if (!file) return;

    const NODE = await connectNode(nodeList);
    if (NODE === '') return undefined;

    const repo = new RepositoryFactoryHttp(NODE, {
      websocketUrl: NODE.replace('http', 'ws') + '/ws',
      websocketInjected: WebSocket,
    });
    const txRepo = repo.createTransactionRepository();

    txRepo
      .getTransaction(hash, TransactionGroup.Confirmed)
      .toPromise()
      .then(async (data) => {
```

```
    if (!data || !data.transactionInfo) {
      return;
    }
    console.log({ data });

    const aggregateTx = data as AggregateTransaction;

    const coreTx = aggregateTx.innerTransactions[0] as TransferTr
ansaction;

    const blob = await file.arrayBuffer();
    const isValid = audit(
      blob,
      coreTx.message.payload,
      PublicAccount.createFromPublicKey(publicKey, 152)
    );

    if (!isValid) {
      console.log('invalid');
      setSnackbarSeverity('error');
      setSnackbarMessage('Apostilleされたファイルと異なります。
');
      setFile(null);
      setOpenSnackbar(true);
      return;
    } else {
      setSnackbarSeverity('success');
      setSnackbarMessage('Apostilleファイルの監査に成功しました。
');
      setOpenSnackbar(true);
    }

    const height = data.transactionInfo.height;
    const timestamp = await getTimeStamp(height);

    const txs = aggregateTx.innerTransactions;

    const { ownerTx, metadataTxs } = getOptionTx(txs);

    console.log({ coreTx, ownerTx, metadataTxs });

    const metadata = metadataTxs.map((tx) => {
      return {
```

```
          key: MetadataKeyHelper.getKeyNameByKeyId(tx.scopedMetadat
aKey),
          value: Convert.uint8ToUtf8(tx.value),
        };
      });

      const apostilleAddress = coreTx.recipientAddress.plain();
      const signerAddress = aggregateTx.signer?.address.plain() ??
'';

      const r = {
        timestamp: timestamp.toString(),
        ownerAddress: !!ownerTx ? signerAddress : apostilleAddress,
        apostilleAddress,
        signerAddress,
        metadata,
        isValid: isValid,
      };
      setAuditResult(r);
    });
  };

~ 中略 ~
```

getOptionTxはアグリゲートトランザクションのインナートランザクションのリストを渡すと、メタデータを記録しているトランザクションのリストのみを返します。オーナーオプションを使って作成している場合、マルチシグ構成トランザクションを含めたトランザクションのリストを返します。

```
~ 中略 ~

  const getOptionTx = (
    txs: InnerTransaction[]
  ): {
    ownerTx: MultisigAccountModificationTransaction | null;
    metadataTxs: AccountMetadataTransaction[];
  } => {
    if (txs.length === 1) {
      return {
        ownerTx: null,
```

```
        metadataTxs: [],
      };
    }

    const ownerTx = txs.filter((tx) => tx.type === TransactionType.MU
LTISIG_ACCOUNT_MODIFICATION);
    const metadataTx = txs.filter((tx) => tx.type === TransactionTy
pe.ACCOUNT_METADATA);

    return {
      ownerTx: (ownerTx[0] as MultisigAccountModificationTransaction)
?? null,
      metadataTxs: metadataTx as AccountMetadataTransaction[],
    };
  };

~ 中略 ~
```

showContentは検証の結果の有無によって、表示させるコンポーネントを変化させます。検証結果がない場合は、ファイルを入力させるコンポーネントを、結果がある場合は結果を表示するコンポーネントを返します。

```
~ 中略 ~
const showContent = () => {
    if (auditResult === null || file === null) {
      return (
        <Box display='flex' flexDirection='column' alignItems='cent
er' marginTop='80px'>
          <Box sx={{ width: '800px' }}>
            <DropZone setFile={setFile} file={file} />
            <Box display='flex' justifyContent='end' sx={{ width:
'100%', marginTop: '32px' }}>
              <Button variant='contained' onClick={handleAuditClick}
disabled={!file}>
                監査する
              </Button>
            </Box>
          </Box>
        </Box>
      );
    }
```

```
    return (
      <Box display='flex' flexDirection='column' alignItems='center'
marginTop='80px'>
        <Box sx={{ width: '800px' }}>
        ~ 監査結果がある場合のコンポーネント群 ~
        </Box>
      </Box>
    );
  };
  return (
    <>
      <Header setOpenLeftDrawer={setOpenLeftDrawer} />
      <LeftDrawer openLeftDrawer={openLeftDrawer} setOpenLeftDrawer={
setOpenLeftDrawer} />
      <AlertsSnackbar
        openSnackbar={openSnackbar}
        setOpenSnackbar={setOpenSnackbar}
        vertical={'bottom'}
        snackbarSeverity={snackbarSeverity}
        snackbarMessage={snackbarMessage}
      />
      {showContent()}
    </>
  );
}
export default Audit;
```

7-3-3 UI部分（マイページ）

「マイページ」部分に関して、特にブロックチェーンと関係がある部分を解説します。

src/pages/mypage/index.tsx

マイページでは、自分がオーナーとして登録したアポスティーユアカウントの一覧を表示します。

一覧表示するアポスティーユアカウント情報の型は次のようになっています。

```
~ 中略 ~
type ApostilleInfo = {
```

```
  address: string;
  fileName: string;
};
~ 中略 ~
```

useEffectで自分が構成に含まれるマルチシグアカウントを検索し、apostilleAddressesとしてリスト化します。さらに、このアドレスのメタデータからMetadataKey.filenameで定義されているFilenameを取得し、ApostilleInfoの形で状態に持たせます。

```
~ 中略 ~
  useEffect(() => {
    const address = window.SSS.activeAddress;
    const f = async () => {
      const NODE = await connectNode(nodeList);
      if (NODE === '') return undefined;
      try {
        const repo = new RepositoryFactoryHttp(NODE, {
          websocketUrl: NODE.replace('http', 'ws') + '/ws',
          websocketInjected: WebSocket,
        });
        const multisigRepo = repo.createMultisigRepository();
        const accountRepo = repo.createAccountRepository();
        const metadataRepo = repo.createMetadataRepository();
        const info = await multisigRepo
          .getMultisigAccountInfo(Address.createFromRawAddress(addre
ss))
          .toPromise();
        const apostilleAddresses = info?.multisigAddresses ?? [];

        const addressPromise = await Promise.all(apostilleAddresses).
then((addresses) =>
          addresses.map((address) => accountRepo.getAccountInfo(addre
ss).toPromise())
        );

        const apostilleAccounts = await Promise.all(addressPromise);

        const accountsPromise = apostilleAccounts.map(async (account)
=> {
```

```
        const r = await metadataRepo
          .search({
            targetAddress: account?.address,
          })
          .toPromise();
        return r?.data;
      });

      const metadata = await Promise.all(accountsPromise);

      const infos: ApostilleInfo[] = metadata
        .map((m) => {
          if (!!m && m.length !== 0) {
            const data = {
              address: m[0].metadataEntry.targetAddress?.plain(),
              fileName: m
                .filter((m) => m.metadataEntry.scopedMetadataKey.to
Hex() === MetadataKey.filename)
                .map((m) => m.metadataEntry.value)[0],
            };
            return data;
          }
          return undefined;
        })
        .filter((i) => !!i) as ApostilleInfo[];
      setApostilleInfo(infos);
    } catch (e) {
      console.log(e);
    }
  };
  f();
 }, []);
~ 中略 ~
```

apostilleInfo.lengthが**0**の場合は「You don't have ApostilleAccount」と表示し、**0**より多い場合はリスト形式で**apostilleInfo**の情報を表示します。

また、表示の際にアポスティーユアカウントの検証ページへのリンクも付けることで、検証への導線を作ります。

```
~ 中略 ~
 if (apostilleInfo.length === 0) {
```

```
    return (
      <>
        <Header setOpenLeftDrawer={setOpenLeftDrawer} />
        <LeftDrawer openLeftDrawer={openLeftDrawer} setOpenLeftDrawer
={setOpenLeftDrawer} />
        <Box display='flex' flexDirection='column' alignItems='cent
er' marginTop='80px'>
          <Typography>You don&apos;t have ApostilleAccount</Typograp
hy>
        </Box>
      </>
    );
  }

  return (
    <>
      <Header setOpenLeftDrawer={setOpenLeftDrawer} />
      <LeftDrawer openLeftDrawer={openLeftDrawer} setOpenLeftDrawer={
setOpenLeftDrawer} />
      <Box display='flex' flexDirection='column' alignItems='center'
marginTop='80px'>
        <Box sx={{ width: '800px' }}>
          <TableContainer component={Paper}>
            <Table sx={{ minWidth: 650 }} aria-label='simple table'>
              <TableHead>
                <TableRow>
                  <TableCell>Apostille Address</TableCell>
                  <TableCell>FileName</TableCell>
                </TableRow>
              </TableHead>
              <TableBody>
                {apostilleInfo.map((row) => (
                  <TableRow
                    key={row.address}
                    sx={{
                      '&:last-child td, &:last-child th': { border: 0
},
                      ':hover': { background: '#fafafa', cursor: 'poi
nter' },
                    }}
                    onClick={() => router.push(`/audit/${row.addre
ss}`)}>
                    <TableCell component='th' scope='row'>
```

```
                    {row.address}
                  </TableCell>
                  <TableCell>{row.fileName}</TableCell>
                </TableRow>
              ))}
            </TableBody>
          </Table>
        </TableContainer>
      </Box>
    </Box>
  </>
  );
}

export default MyPage;
```

実装が完了すると、図7-5のようなUIになります。自分がオーナーとして登録したアポスティーユアカウントの一覧が表示されます。

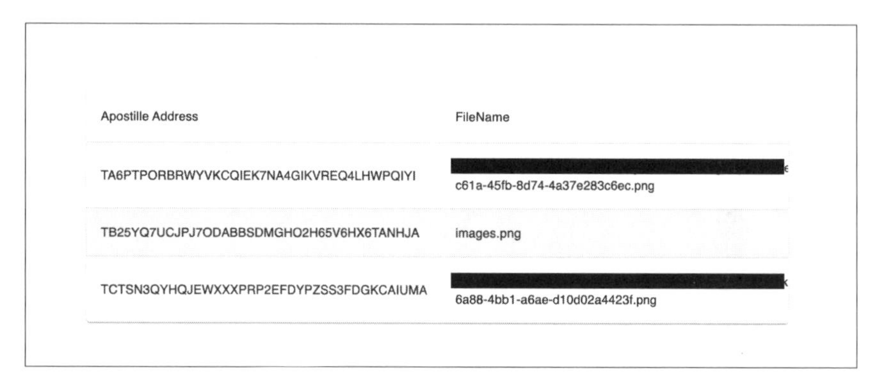

● 図7-5　自分がオーナーのアポスティーユアカウント一覧

一覧から監査を開始したいアポスティーユアカウントをクリックすると、監査ページに遷移します。

● 図7-6　マイページからの遷移画面

監査するファイルを選択します。

● 図7-7　選択したファイルの表示

ファイルに改竄がなければ、監査が成功します。

● 図7-8　監査成功の画面

7-4 本章のまとめ

本章では、次のことを学びました。

- 検証の意味の理解
- 検証の実装方法

ブロックチェーンはタイムスタンプ付きの証明書であり、その時点でそのデータを持っていたことを証明できます。そのため、技術的には特許やアリバイなどに使うことができます（ただし、法律的な部分は考慮していません）。また、アプリケーションは第6章と同じなので、動画URLは割愛します。

第8章

「トレーサビリティ」のWebアプリケーション開発

> 全力を込めて大振りするのさ。そうしたら、大ホームランか派手な空振りかのどちらかさ。自分は何事にも全力を尽くす主義なんだ。
>
> ― ベーブ・ルース（アメリカの野球選手）

ブロックチェーン上に記録された情報は誰もが参照でき、改竄不可なデータであるため、トレーサビリティと相性がよい技術です。誰（どのアカウント）が、いつどこで何をしたのかを時系列で参照することが可能です。

8-1
デモアプリの概要

本章で構築するのは、商品などを追跡するためのQRコードを発行するアプリケーションです。

発行したQRコードを読み込むことで、着荷や発送などの処理やGPS情報ををブロックチェーン上に改竄不可能な形で記録できます。また、記録を参照することで、いつ誰がどこで何をしたかの情報を一覧で確認できます

QRコードの発行はスマートフォンで行い、作業の記録はPCで行います。

Column　トランザクション手数料と肩代わりについて

ブロックチェーンに情報を記録するためにはトランザクション手数料が必要となり、手数料は基軸通貨で支払わなければなりません。

Symbolブロックチェーンでは XYM でトランザクション手数料を支払いますが、各ユーザーが端末に手数料分の XYM を入れておくことは、法律面や操作面などでハードルが高く、現状では利用できる素地が整っているとはいえません

しかし、Symbolブロックチェーンでは、アグリゲートトランザクションを活用することで運営側が手数料を肩代わりするという仕組みが備わっています。したがって、今回のようにブロックチェーン上に記録を行うことが目的であれば、ユーザーに暗号資産を意識させずにブロックチェーンを利用できます。

8-2

アプリの動作イメージ

スマートフォンでQRコードを表示させ、PCのカメラでQRコードを読み取ります。

● 図8-1　PCでのQRコード読み取り

このように、アドレスに対してトレーサビリティが実施できるようになっています。

履歴詳細

着荷
locate 35.[redacted]6
Sat Oct 07 2023 04:08:27 GMT+0900 (日本標準時)
record by
TAH5TFNV7JKNHQX4BC3LFXTKJV7SDJMBLHVXMAY

加工
locate 35.[redacted]6
Sat Oct 07 2023 04:08:27 GMT+0900 (日本標準時)
record by
TAH5TFNV7JKNHQX4BC3LFXTKJV7SDJMBLHVXMAY

出荷
locate 35.[redacted]6
Sat Oct 07 2023 04:08:27 GMT+0900 (日本標準時)
record by
TAH5TFNV7JKNHQX4BC3LFXTKJV7SDJMBLHVXMAY

一覧に戻る

● 図8-2　トレース詳細

アプリの動作は、次のURLから動画でも確認できます。

```
https://www.youtube.com/playlist?list=PLZO0DM4SRY_SUcCqqdCXQ_
iDfPhhBb5Tr
```

第8章　「トレーサビリティ」のWebアプリケーション開発

8-3

環境構築

本章で構築するアプリのレポジトリをローカル環境にダウンロードします

```
$ git clone https://github.com/symbol-books/blockchain-writing-
project-traceability.git
Cloning into 'blockchain-writing-project-traceability'...
remote: Enumerating objects: 73, done.
remote: Counting objects: 100% (73/73), done.
remote: Compressing objects: 100% (57/57), done.
remote: Total 73 (delta 12), reused 71 (delta 10), pack-reused 0
Receiving objects: 100% (73/73), 546.55 KiB | 7.39 MiB/s, done.
Resolving deltas: 100% (12/12), done.
```

ディレクトリを移動し、npm iを実行して、必要なパッケージをインストールします。

```
$ cd blockchain-writing-project-traceability
$ npm i
added 779 packages, and audited 780 packages in 1m

158 packages are looking for funding
  run `npm fund` for details

4 moderate severity vulnerabilities

To address all issues, run:
  npm audit fix

Run `npm audit` for details.
```

8-3-1 管理者アカウントの作成

まずは、管理者アカウントを作成します。このあたりの作業は、これまでと同様です。

```
$ cp .env.sample .env
$ node setup_tool/createdminAddress.js test
= Address =

TCR5YIVN45VZQ4YHDSI6UBVYYZIV3XXXXXXXXXX

このURLから入金して下さい。
https://testnet.symbol.tools/?recipient=TCR5YIVN45VZQ4YHDSI6UBVYYZIV3
XXXXXXXXXX&amount=1000

= PrivateKey =

こちらを.envファイルに入力して下さい
69218EE03D4E1323262DB65A81F6F82C057FE11A92C4B1E7441531XXXXXXXXXX
```

ここで出力された公開鍵を`.env`ファイルの`YOUR_PRIVATE_KEY`部分と置き換えます。

○.envファイル

```
PRIVATE_KEY=69218EE03D4E1323262DB65A81F6F82C057FE11A92C4B1E7441531XXX
XXXXXXX
```

また、今回のアプリでは、管理者アカウントが利用者のトランザクション手数料を肩代わりするため、手数料分のXYMを入金しておく必要があります。

コンソール上に表示された「このURLから入金して下さい。」というリンクをWebブラウザで開き、フォーセットからXYMを入金します。この手数料分のXYMがない場合、トレース対象のQRコード作成や記録が行えないので、忘れずに実施してください。

8-3-2 ローカル環境での確認

npm run devを実行して、ローカル環境でアプリを立ち上げます。

```
$ npm run dev
ready - started server on 0.0.0.0:3000, url: http://localhost:3000
warn  - You have enabled experimental feature (appDir) in next.conf
ig.js.
warn  - Experimental features are not covered by semver, and may cau
se unexpected or broken application behavior. Use at your own risk.

(node:11578) ExperimentalWarning: The Fetch API is an experimental fe
ature. This feature could change at any time
(Use `node --trace-warnings ...` to show where the warning was creat
ed)
event - compiled client and server successfully in 2.4s (165 modules)
wait  - compiling /_error (client and server)...
event - compiled client and server successfully in 412 ms (166 modul
es)
warn  - Fast Refresh had to perform a full reload. Read more: htt
ps://nextjs.org/docs/messages/fast-refresh-reload
```

Webブラウザで「http://localhost:3000」を開いてください。

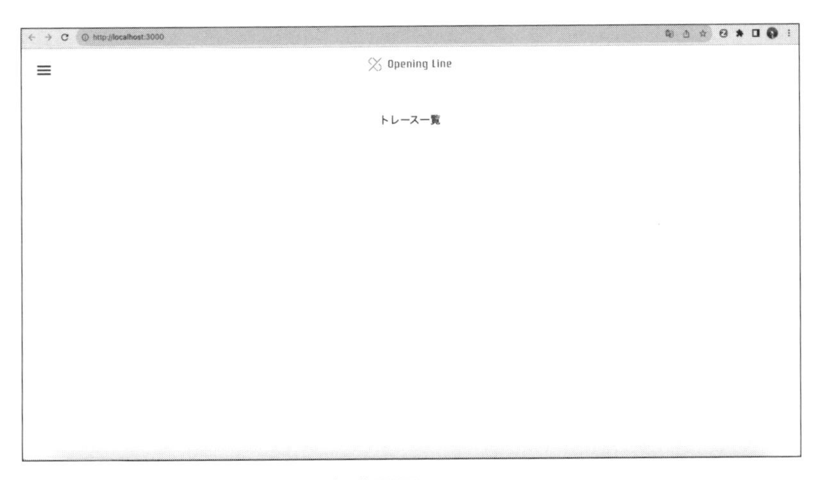

● 図8-3 アプリケーションの起動画面

8-4 コード解説

主にブロックチェーン技術に関する部分についてコードの解説を行います。

8-4-1 ユーザーアカウントの作成やチェック

記録を行うためのユーザー側のアカウントを作成します。

アプリにアクセスした際、すでにアカウントが作成されているかどうかのチェックを行い、もし作成されていない場合はアカウント作成を行うページにリダイレクトします。

src/utils/createAccount.ts

ユーザーアカウントを作成する関数です。

```
import { networkType } from '@/consts/blockchainProperty';
import { accountData } from '@/types/accountData';
import { Account } from 'symbol-sdk';

export const createAccount = (): accountData => {
  const account = Account.generateNewAccount(networkType);
  const privateKey = account.privateKey;
  const publicKey = account.publicKey;
  const address = account.address.plain();
  return { privateKey, publicKey, address };
};
```

src/hooks/useCheckAccount.ts

ユーザーアカウントが作成されているかどうか確認するフックです。フックとは、クラスを使うことなくReactのstateを扱ったり、ライフサイクルに応じた処理を実装したりできる機能です。

`localStorage`上にアカウントデータが作られていない場合、作成ページ（`/account`）にリダイレクトします。

```
import { useRouter } from 'next/router';
import { useEffect } from 'react';

const useCheckAccount = () => {
  const router = useRouter();
  useEffect(() => {
    try {
      if (!localStorage.getItem('accountData')) {
        router.push('/account');
      }
    } catch (e) {
      console.error(e);
    }
  }, []);
};

export default useCheckAccount;
```

8-4-2 商品アカウントの作成

トレース対象の商品アカウントを作成します。

本アプリでは、記録を行うユーザー用のアカウントのほかに、トレースを行う商品1つ1つにもアカウントを発行し、そのアカウントに対してメッセージを記録していくことでトレーサビリティを実現します。

src/pages/api/create-target.ts

トレース対象のアカウントを作成する際に、アカウントに対して商品情報をメタデータとして記録するAPIです。

バックエンド側の運営アカウントにて、トランザクションの作成および署名、アナウンスを行うことで、ユーザー側に手数料が発生しないようにします。

```
~ 中略 ~
export default async function handler(
  req: NextApiRequest,
```

```
  res: NextApiResponse
): Promise<TransactionStatusWithAddress | undefined> {
  if (req.method === 'POST') {
    const NODE = await connectNode(nodeList);
    if (NODE === '') return undefined;
    const repo = new RepositoryFactoryHttp(NODE, {
      websocketUrl: NODE.replace('http', 'ws') + '/ws',
      websocketInjected: WebSocket,
    });
    const txRepo = repo.createTransactionRepository();
    const tsRepo = repo.createTransactionStatusRepository();
    const metaRepo = repo.createMetadataRepository();
    const metaService = new MetadataTransactionService(metaRepo);
    const listener = repo.createListener();

    const admin = Account.createFromPrivateKey(process.env.PRIVATE_
KEY!, networkType);
    const targetAccount = Account.generateNewAccount(networkType);
~ 中略 ~
```

process.env.PRIVATE_KEYにて運営者アカウントの秘密鍵を読み取って、署名可能なアカウントを生成します。

また、**generateNewAccount**では、トレース対象のアカウントを新規に生成します。

```
~ 中略 ~
    const key = KeyGenerator.generateUInt64Key('metaData');
    const value = JSON.stringify(req.body.metaData);
    const metadataTx = await firstValueFrom(
      metaService.createAccountMetadataTransaction(
        Deadline.create(epochAdjustment),
        networkType,
        targetAccount.address, //メタデータ記録先アドレス
        key,
        value, //Key-Value値
        admin.address, //メタデータ作成者アドレス
        UInt64.fromUint(0)
      )
    );
~ 中略 ~
```

metaDataというキーに対して、**request**で受け取った**metaData**を**value**に指定し、先ほど生成した商品アカウントに対してメタデータを付与するトランザクションを作成します。

```
~ 中略 ~
    const dummyTx = TransferTransaction.create(
      Deadline.create(epochAdjustment),
      admin.address,
      [],
      EmptyMessage,
      networkType
    );

    const aggregateTx = AggregateTransaction.createComplete(
      Deadline.create(epochAdjustment),
      [metadataTx.toAggregate(admin.publicAccount), dummyTx.toAggrega
te(admin.publicAccount)],
      networkType,
      []
    ).setMaxFeeForAggregate(100, 1);

    const signedTx = admin.signTransactionWithCosignatories(
      aggregateTx,
      [targetAccount],
      generationHash,
    );

    await firstValueFrom(txRepo.announce(signedTx));

~ 中略 ~
```

新規作成した商品アカウントは手数料分のXYMを保有していないため、アグリゲートトランザクションを作成し、運営側アカウントで署名を行うことで手数料を肩代わりできます。

自分以外のアカウント（今回でいうと商品アカウント）のメタデータを登録する際には、相手側の連署も必要になるため、**signTransactionWithCosignatories**を利用し、引数に連署者も署名可能なアカウントを指定します。

その後、アナウンスを行うと、運営者が手数料を肩代わりした形で商品アカウントにメタデータを付与できます。

Column ポイント：ダミーデータの必要性

ここでは、アグリゲートトランザクションの中に、運営者アカウント向けのダミートランザクションを格納しています。

これは、手数料を肩代わりなどする際に、自分宛のトランザクションが1つでも入っていないとエラーになるためで、ダミートランザクションを入れておくことで回避しています。

8-4-3 トレース情報の記録

ユーザーアカウントから商品アカウントに対して、作業内容、位置情報の記録を行います。

先ほどの商品アカウントにメタデータを付与した際は、バックエンド側で署名に必要な秘密鍵が全て揃っている状態でした。今回はユーザーアカウントの署名が必要になりますが、バックエンド側に秘密鍵情報を送付するわけにはいかないので、ここではオフライン署名（オフチェーン署名）という技術を使ってユーザーのトランザクション手数料を運営側が肩代わりします。

●誰がトランザクション手数料を払うのか

トランザクションを生成し最初に署名を行なったアカウントが手数料を支払うことになります。これを**起案者**と呼びます。

今回の構成では、運営側アカウントが起案者になる必要があります。

Column オンライン署名（オンチェーン署名）とは

オフライン署名の対義語として「オンライン署名（オンチェーン署名）」があります。これは第4章で学習したエスクロー取引の際に、アグリゲートボンデッドトランザクションを使った事例で、ブロックチェーン上に署名未完成の状態（partial）でロックしておき、連署者がハッシュ値をもとに連署を行うという方式です。

この方式は、便利な反面、ロックしておくのに10xymの担保が必要となり、指定時間内（最大48時間）に署名が集まらなければネットワークに没収されてしまうというリスクがあります。
　運営側がそのリスクを負わなくてはいけなくなるので、今回の構成ではオフライン署名という方法を採っています。

src/pages/api/record-target.ts

ユーザーアカウントから、記録対象の商品アカウントアドレス、作業内容や位置情報をリクエストで取得し、バックエンド側の運営アカウントにて起案するAPIです。運営側の秘密鍵で署名可能なアカウントの作成と、ユーザーアカウントの公開鍵で公開鍵アカウントを作成します。

また、ユーザーからのリクエストとして次のような情報を受け取ります。

- **targetAddressAccount**：商品アカウント
- **operation**：作業内容
- **latitude**：緯度
- **longitude**：経度

作業内容、緯度、経度を記録するトランザクションを生成し、アグリゲートトランザクションでまとめます。

```
~ 中略 ~
    const admin = Account.createFromPrivateKey(process.env.PRIVATE_
KEY!, networkType);
    const clinetPublicAccount = PublicAccount.createFromPublicKey(
      req.body.clinetPublicKey,
      networkType
    );
    const targetAddressAccount = Address.createFromRawAddress(req.
body.targetAddress);
    const operation: string = req.body.operation;
    const latitude: string = req.body.latitude;
    const longitude: string = req.body.longitude;
~ 中略 ~
```

署名する運営アカウントのトランザクションがないとエラーになるため、運営アカウントが自身に送るダミートランザクションを含めておきます。

次に、作成したアグリゲートトランザクションに運営者アカウントで署名を行います。これで運営者アカウントが起案者となり、手数料を支払うことが決まります。

```
~ 中略 ~
  const operationTx = TransferTransaction.create(
    Deadline.create(epochAdjustment),
    targetAddressAccount,
    [],
    PlainMessage.create(operation),
    networkType
  );

  const latitudeTx = TransferTransaction.create(
    Deadline.create(epochAdjustment),
    targetAddressAccount,
    [],
    PlainMessage.create(latitude),
    networkType
  );

  const longitudeTx = TransferTransaction.create(
    Deadline.create(epochAdjustment),
    targetAddressAccount,
    [],
    PlainMessage.create(longitude),
    networkType
  );

  const dummyTx = TransferTransaction.create(
    Deadline.create(epochAdjustment),
    admin.address,
    [],
    EmptyMessage,
    networkType
  );

  const aggregateTx = AggregateTransaction.createComplete(
    Deadline.create(epochAdjustment),
    [
      operationTx.toAggregate(clinetPublicAccount),
      latitudeTx.toAggregate(clinetPublicAccount),
```

```
      longitudeTx.toAggregate(clinetPublicAccount),
      dummyTx.toAggregate(admin.publicAccount),
    ],
    networkType,
    []
  ).setMaxFeeForAggregate(100, 1);

~ 中略 ~
```

しかし、この状態ではユーザー側の署名が依然として足りないので、APIのレスポンスとして署名したトランザクションのハッシュ値とペイロードを返却します。

この後は、ユーザー側でペイロードからトランザクションを構築して連署を行い、ブロックチェーンにアナウンスする流れになります。

```
~ 中略 ~
  const adminSignedTx = admin.sign(aggregateTx, generationHash);

  const signedHash = adminSignedTx.hash;
  const signedPayload = adminSignedTx.payload;

  const payloadForOfflineSignature: PayloadForOfflineSignature = {
    signedHash,
    signedPayload,
  };

  res.status(200).json({
    payloadForOfflineSignature,
  });
 }
}
~ 中略 ~
```

src/utils/offlineSignature.ts

ユーザーの秘密鍵とペイロード情報を引数として、トランザクションの再構築および連署をしてブロックチェーンにアナウンスを行う関数です

再構築したトランザクションに運営側アカウントの公開鍵が必要なので、**fetch-admin-pubkey**を実行します。**fetch-admin-pubkey**は運営側の公開鍵を返すだけのAPIなので説明は割愛します。

```
~ 中略 ~
  const res = await axios.get('/api/fetch-admin-pubkey');
  const adminPublicKey: string = res.data;
```

運営側アカウントが署名を行なったペイロードに対して連署を行い、トランザクションを構築します。

作成したトランザクションから必要な部分を抜き出し、運営側アカウントの署名済みペイロードの後方に連結していきます。

```
~ 中略 ~
  const clientSignedTx = CosignatureTransaction.signTransactionPaylo
ad(
    client,
    payloadForOfflineSignature.signedPayload,
    generationHash
  );
  let signedPayload =
    payloadForOfflineSignature.signedPayload +
    clientSignedTx.version.toHex() +
    clientSignedTx.signerPublicKey +
    clientSignedTx.signature;
```

recreatedTxは運営アカウント署名済みペイロードをトランザクションとして復元したものです。

その後の**size**～**littleEndianSize**は、連署したペイロード部分を連結するためのパディングです。

最後に連署済みトランザクションとして再構築し、ブロックチェーン側にアナウンスを行います。

```
~ 中略 ~
  const recreatedTx = TransactionMapping.createFromPayload(
    payloadForOfflineSignature.signedPayload
  );

  const size = `00000000${(signedPayload.length / 2).toString(16)}`;
  const formatedSize = size.substr(size.length - 8, size.length);
  const littleEndianSize =
    formatedSize.substr(6, 2) +
```

```
    formatedSize.substr(4, 2) +
    formatedSize.substr(2, 2) +
    formatedSize.substr(0, 2);
  signedPayload = littleEndianSize + signedPayload.substr(8, signedPa
yload.length - 8);
  const signedTx = new SignedTransaction(
    signedPayload,
    payloadForOfflineSignature.signedHash,
    adminPublicKey,
    recreatedTx.type,
    recreatedTx.networkType
  );

  await firstValueFrom(txRepo.announce(signedTx));
~ 中略 ~
```

●アナウンスは誰がしてもよい

アナウンスは起案者が行う必要があると思われるかもしれませんが、実は誰が行っても問題はありません。したがって、運営アカウントにトランザクションをわざわざ返却する必要もなく、ユーザー側でブロックチェーンにアナウンスを行えます。

また、その際のトランザクション手数料は起案者の運営者アカウントに請求されるため、ユーザーアカウントがXYMを保有している必要もありません。

8-4-4 履歴の表示

最後にブロックチェーン上に記録されている商品アカウントの記録を表示する部分を解説します。

履歴の表示は、対象の商品アカウントを一覧で表示する関数と、特定の商品の履歴を表示する関数に分けられます。

●src/utils/searchTarget.ts

対象の商品アカウントを一覧で表示する関数です。

ここでは、次のような条件でメタデータを検索します。

- **metadataType**：メタデータの付与対象がAccountである
- **scopedMetadataKey**：メタデータのkeyがmetaDataである
- **sourceAddress**：メタデータを記録したのが運営アカウントである
- **pageNumber**：1ページ目を表示
- **pageSize**：1ページのサイズが100件
- **order**：新しい順に取得

```
~ 中略 ~
  const scopedMetadataKey = KeyGenerator.generateUInt64Key('metaDa
ta').toHex(); //serialNumberを16進数文字列に変換
  const resultSearch = await firstValueFrom(
    metaRepo.search({
      metadataType: MetadataType.Account,
      scopedMetadataKey: scopedMetadataKey,
      sourceAddress: addminAddressAccount,
      pageNumber: 1,
      pageSize: 100,
      order: Order.Desc,
    })
  );
~ 中略 ~
```

次に、**targetMetaData**として**value**と**targetAddress**を取得し、リストとして返します。取得する内容は、次のようになっています。

- **value**：商品アカウントを作成した時に指定した商品名
- **targetAddress**：商品アカウントのアドレス

```
~ 中略 ~
  const targetMetaDataList: TargetMetaData[] = [];
  for (let index = 0; index < resultSearch.data.length; index++) {
    let targetMetaData = JSON.parse(resultSearch.data[index].metadata
Entry.value);
    targetMetaData['targetAddress'] = resultSearch.data[index].metada
taEntry.targetAddress.plain();
    targetMetaDataList.push(targetMetaData);
  }
  return targetMetaDataList;
```

```
};
~ 中略 ~
```

src/utils/getHistory.ts

特定の商品アカウントの履歴を参照する関数です。引数としてアカウントアドレスを指定します。

次の条件でトランザクションを検索します。

- **type**：アグリゲートトランザクション（コンプリート）である
- **group**：承認済みトランザクションである
- **address**：指定した商品アカウントアドレスである
- **pageSize**：1ページのサイズが100件

```
~ 中略 ~
const resultSearch = await firstValueFrom(
    txRepo.search({
      type: [TransactionType.AGGREGATE_COMPLETE],
      group: TransactionGroup.Confirmed,
      address: Address.createFromRawAddress(targetAddress),
      pageSize: 100,
    })
  );
~ 中略 ~
```

検索にマッチしたトランザクションの中身を見て、必要な情報を付与した形で結果を返します。次のような値を返します。

- **signerAddress**：記録を行なったユーザーアカウントアドレス
- **blockCreateTime**：記録を行なった日時
- **operation**：作業内容
- **latitude**：緯度
- **longitude**：経度
- **hash**：トランザクションハッシュ値

```
~ 中略 ~
  const resultData: HistoryData[] = [];
  for (let i = 0; i < resultSearch.data.length; i++) {
    try {
      const blockInfo = await firstValueFrom(
        blockRepo.getBlockByHeight(resultSearch.data[i].transactionIn
fo?.height!)
      );
      const blockCreateTime = blockInfo.timestamp.compact() + epochAd
justment * 1000; //unixtime
      const txInfo = (await firstValueFrom(
        txRepo.getTransaction(
          resultSearch.data[i].transactionInfo?.hash!,
          TransactionGroup.Confirmed
        )
      )) as AggregateTransaction;
      const tx1 = txInfo?.innerTransactions[0] as TransferTransacti
on; //オペレーションを記録したトランザクション
      const tx2 = txInfo?.innerTransactions[1] as TransferTransacti
on; //緯度を記録したトランザクション
      const tx3 = txInfo?.innerTransactions[2] as TransferTransacti
on; //経度を記録したトランザクション
      const histroyData: HistoryData = {
        signerAddress: tx1.signer?.address.plain()!,
        blockCreateTime: blockCreateTime,
        operation: tx1.message.payload,
        latitude: Number(tx2.message.payload),
        longitude: Number(tx3.message.payload),
        hash: txInfo.transactionInfo?.hash!,
      };
      resultData.push(histroyData);
      console.log(histroyData);
    } catch (e) {}
  }
  return resultData;
};
~ 中略 ~
```

●ブロック高から時刻を算出する

トランザクションの中には、ブロック高（**height**）が記録されています。この情報から、このブロックチェーンが誕生してからどれくらい時間が経過したかがわかります。

さらにepochAdjustmentから、いつブロックチェーンが誕生したかがわかるので、この2つを足すことで、そのブロック高の時点の時刻を算出できます。

8-4-5 UI部分

ページの中でも、特にブロックチェーンに関係ある部分を抜き出して解説します。

src/pages/account/index.tsx

ユーザーアカウント作成ページです。

作成されたアカウント情報（秘密鍵、公開鍵、アドレス）は、ローカルストレージに保存されます。

```
~ 中略 ~
    const accountData: accountData = createAccount(); ——①
    setAccount(accountData);
    localStorage.setItem('accountData', JSON.stringify(accountData)); ┐
    setSnackbarSeverity('success');                                   ②
    setSnackbarMessage('アカウントの生成に成功しました');
    setOpenSnackbar(true);
    setProgress(false);
  };

  useEffect(() => {
    if (localStorage.getItem('accountData')) {
      setAccount(JSON.parse(localStorage.getItem('accountData')!));
    }
  }, []);
~ 中略 ~
```

createAccount関数（①）でユーザーアカウントを生成して、localStorage.setItem（②）でアカウント情報をローカルストレージにJSON形式で記録します。アカウント未作成の場合は、［アカウントの作成］ボタンが表示されます（図8-4）。

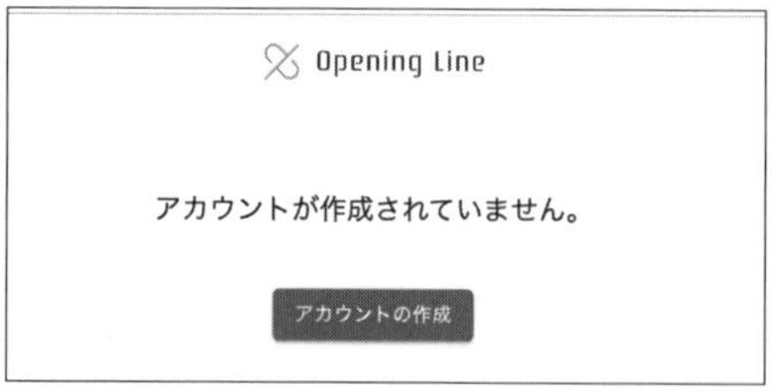

● 図8-4　アカウント未作成の場合

アカウントが作成されると、図8-5のような表示になります。

● 図8-5　アカウント作成の完了

src/pages/issue/index.tsx

商品アカウントの生成を行うページです。

useForm関数を使って、serialNumber、name、amountをユーザーから取得し、validationRulesで入力時のバリデーションを設定します。

```
~ 中略 ~
  const [inputData, setInputData] = useState<TargetMetaDataInputs>();
  const {
    control,
    handleSubmit,
    formState: { errors },
```

```
  } = useForm<TargetMetaDataInputs>({
    defaultValues: { serialNumber: '', name: '', amount: 1 },
  });

  const validationRules = {
    serialNumber: {
      required: 'シリアルNoを入力して下さい',
      maxLength: {
        value: 100,
        message: 'シリアルNoは100文字以内にして下さい',
      },
    },
    name: {
      required: '名称を入力して下さい',
      maxLength: {
        value: 100,
        message: '名称は100文字以内にして下さい',
      },
    },
    amount: {
      required: '数量を指定して下さい',
      validate: {
        nonZero: (value: number) => value > 0 || '数量は0より多い数値
を入力して下さい',
      },
    },
  };

  const onSubmit: SubmitHandler<TargetMetaDataInputs> = (inputData:
TargetMetaDataInputs) => {
    setInputData(inputData);
    setDialogTitle('QRコードの作成');
    setDialogMessage('QRコードを作成しますか');
    setOpenDialog(true);
  };
```

onSubmitでフォームに入力されたデータを**setInputData**で**inputData**に格納し、**setOpenDialog**で確認ダイアログを表示させます。

このダイアログで［OK］ボタンを押すと、**handleAgreeClick**の処理が行われます。**create-target**（API）を実行して商品アカウントを作成し、

setTargetAddressで商品アカウントのアドレス情報を**targetAddress**に格納します。

```
~ 中略 ~
  const { Image } = useQRCode();
  const [targetAddress, setTargetAddress] = useState<string | undefin
ed>(); //アカウントの設定
  const [openDialog, setOpenDialog] = useState<boolean>(false); //Ale
rtsDialogの設定(個別)
  const handleAgreeClick = () => {
    const fetchData = async () => {
      try {
        setProgress(true);
        const res = await axios.post(
          '/api/create-target',
          {
            metaData: inputData,
          },
          {
            headers: {
              'Content-Type': 'application/json',
            },
          }
        );
        const transactionStatus: TransactionStatusWithAddress | undef
ined = res.data;
        if (transactionStatus === undefined) {
          setSnackbarSeverity('error');
          setSnackbarMessage('NODEの接続に失敗しました');
          setOpenSnackbar(true);
        } else if (transactionStatus.transactionsStatus.code === 'Suc
cess') {
          console.log(transactionStatus.transactionsStatus.hash);
          // setHash(transactionStatus.hash);
          setSnackbarSeverity('success');
          setSnackbarMessage(`${transactionStatus.transactionsStatus.
group} TXを検知しました`);
          setTargetAddress(transactionStatus.address);
          setOpenSnackbar(true);
        } else {
          setSnackbarSeverity('error');
          setSnackbarMessage(`TXに失敗しました ${transactionStatus.tr
```

```
ansactionsStatus.code}`);
          setOpenSnackbar(true);
        }
      } catch (error) {
        console.log(error);
      } finally {
        setProgress(false);
      }
    };
    fetchData();
  };
~ 中略 ~
```

また、**targetAddress**にアドレス情報がある場合は、アドレスをQRコードとして表示します。

```
~ 中略 ~
          {targetAddress ? (
            <>
              <Typography component='div' variant='h6' sx={{ mt: 5,
mb: 5 }}>
                記録を行うQRコードを発行しました。
              </Typography>
              <Image
                text={targetAddress}
                options={{
                  level: 'H',
                  margin: 3,
                  scale: 10,
                  width: 70,
                }}
              />

              <Typography component='div' variant='caption' sx={{ mt:
1, mb: 1 }}>
                {`ターゲットアドレス : ${targetAddress}`}
              </Typography>
            </>
          ) : (

~ 中略 ~
```

トレースする対象を登録する画面です。「シリアルNo」「名称」「数量」を入力し、[QRコードの作成] ボタンを押します。

記録を行うQRコードを発行します。

シリアルNo

001

名称

りんご

数量

1

QRコードの作成

● 図8-6　トレース対象の登録画面

トレース対象のQRコードが発行されます。このQRコードをスマートフォンのカメラで撮影しておきます。実際の運用では、紙に印刷するなどしてトレースしたい対象に貼り付けます。

● 図8-7　発行されたQRコード

src/pages/record/index.tsx

商品アカウントにトレース記録を行うページです。

useCheckAccountでアカウントが登録されていなければリダイレクトし、登録があれば**setUserAccount**でアカウント情報を読み込みます。

さらに、**navigator.geolocation.getCurrentPosition**を使うことで、現在地の取得を試みます。取得に成功した場合は**successCallback**が処理され、**setPosition**で位置情報を記録します。取得に失敗した場合は、**errorCallback**が処理されて、位置情報利用の許可を促します。

```
~ 中略 ~
  useCheckAccount();
  useEffect(() => {
    if (localStorage.getItem('accountData')) {
      setUserAccount(JSON.parse(localStorage.getItem('accountDa
ta')!));
    }
    navigator.geolocation.getCurrentPosition(successCallback, errorCa
llback);
  }, []);

  function successCallback(position: GeolocationPosition) {
    setPosition(position);
  }
  function errorCallback(error: GeolocationPositionError) {
    console.log(error);
    alert('位置情報の取得に失敗しました。位置情報の利用を許可して下さ
い');
  }
```

次に、各種必要な**useState**を設定します。

clickOpenQrReaderは、**QrCodeReader**コンポーネントを呼び出すための関数で、QRコードを読み取るためのカメラ画面を表示するために使います。

```
~ 中略 ~
  const [position, setPosition] = useState<GeolocationPosition | unde
fined>(); //現在地情報
  const [operation, setOperation] = useState<string>('着荷'); //記録
する作業内容
```

```
  const [clinetAccount, setUserAccount] = useState<accountData | unde
fined>(); //アカウントの設定
  const { Image } = useQRCode();
  const [isOpenQRCamera, setIsOpenQRCamera] = useState<boolean>(fal
se);
  const clickOpenQrReader = () => {
    setIsOpenQRCamera(true);
  };
  const [targetAddress, setTargetAddress] = useState<string | undefin
ed>(); //アカウントの設定
  const [openDialog, setOpenDialog] = useState<boolean>(false); //Ale
rtsDialogの設定(個別)
~ 中略 ~
```

ここでは、**record-target**でトレース情報の記録に必要な情報をリクエストとして渡し、レスポンスとして運営者アカウントで署名済みの**payloadForOfflineSignature**を受け取ります。

受け取った**payloadForOfflineSignature**を使って**offlineSignature**を行い、オフライン上で連署およびブロックチェーンへのアナウンスを行います。

```
~ 中略 ~
  const handleAgreeClick = () => {
    const fetchData = async () => {
      try {
        setProgress(true);
        const res = await axios.post(
          '/api/record-target',
          {
            clinetPublicKey: clinetAccount?.publicKey,
            targetAddress: targetAddress,
            operation: operation,
            latitude: position?.coords.latitude.toString(),
            longitude: position?.coords.longitude.toString(),
          },
          {
            headers: {
              'Content-Type': 'application/json',
            },
          }
        );
```

```
        const payloadForOfflineSignature: PayloadForOfflineSignature
| undefined =
          res.data.payloadForOfflineSignature;
        console.log(payloadForOfflineSignature);

        const transactionStatus: TransactionStatus | undefined = awa
it offlineSignature(
          clinetAccount!.privateKey,
          payloadForOfflineSignature!
        );

        if (transactionStatus === undefined) {
          setSnackbarSeverity('error');
          setSnackbarMessage('NODEの接続に失敗しました');
          setOpenSnackbar(true);
        } else if (transactionStatus.code === 'Success') {
          console.log(transactionStatus.hash);
          setSnackbarSeverity('success');
          setSnackbarMessage(`${transactionStatus.group} TXを検知しま
した`);
          setOpenSnackbar(true);
        } else {
          setSnackbarSeverity('error');
          setSnackbarMessage(`TXに失敗しました ${transactionStatus.
code}`);
          setOpenSnackbar(true);
        }
      } catch (error) {
        console.log(error);
      } finally {
        setProgress(false);
      }
    };
    fetchData();
  };
~ 中略 ~
```

作成したトレース対象のQRコードを読み込み、記録を行う画面です。［カメラを起動する］ボタンを押すと、QRコードをスキャンするためのカメラが起動します（カメラが搭載されていないPCの場合は、エラーになる可能性があります）。

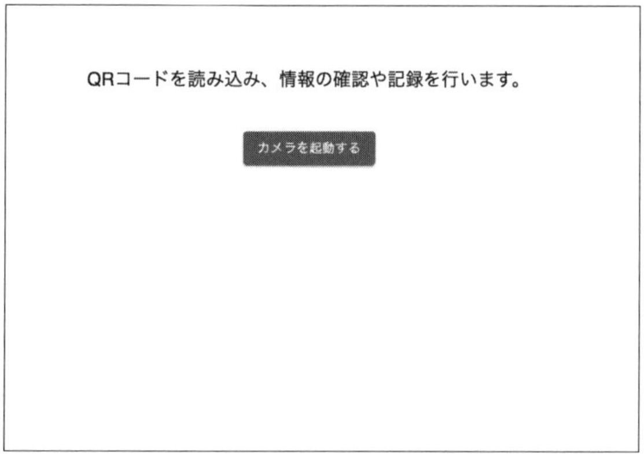

QRコードを読み込み、情報の確認や記録を行います。

カメラを起動する

● 図8-8　QRコードを読み取るためのカメラ起動画面

トレース対象のQRコードを読み取ると、アドレス情報と記録する位置情報が設定されます。その情報を「着荷」「加工」「出荷」のどれに記録するかを選択し、記録を進めます。記録するためにはトランザクション手数料が必要ですが、オフライン署名と運営側での手数料肩代わりを行っているので、利用者はウォレットの必要なくブロックチェーン上に記録を行えます。

● 図8-9　記録する項目の選択

src/pages/index.tsx

トップページです。登録した商品アカウントの一覧が表示されます。

```
~ 中略 ~
  useCheckAccount();
  useEffect(() => {
    initaltargetMetaDataInputsList();
    setProgress(false);
  }, []);

  const initaltargetMetaDataInputsList = async () => {
    const result = await searchTarget();
    if (result === undefined) return;
    setTargetMetaDataList(result);
  };

~ 中略 ~
```

useCheckAccountで、ユーザーアカウントが作成されているかのチェックを行い、作成されていない場合はaccountページにリダイレクトさせます。

initaltargetMetaDataInputsListでは、**searchTarget**を呼び出し、ブロックチェーン上に記録されている商品アカウントのリストを取得します。

src/pages/detail/index.tsx

商品アカウントのトレース情報を参照するページです。

登録されたトレース対象の一覧が表示されます。ここには、自分が登録した対象だけではなく、運営側の秘密鍵が同じサービスで記録されたものが全て表示されます。これによって、組織を跨いだトレース管理が実現できます。

● 図8-10　トレース対象の一覧

```
~ 中略 ~
  useEffect(() => {
    initalhistroyDataList();
  }, []);

  const initalhistroyDataList = async () => {
    const result = await getHistory(targetAddress);
    if (result === undefined) return;
    console.log(result);
    setHistroyDataList(result);
    setProgress(false);
  };
~ 中略 ~
```

getHistoryで指定したアドレス（商品アカウントのアドレス）に対するトレース情報を取得し、その結果を取得します。

● 図8-11　トレース対象の一覧

一覧からは、トレース対象の詳細に遷移できます。いつ、どこで、どんな記録が行われたかを確認できます。たとえば、農家から出荷された野菜は、いつ、どんな工程を経て消費者の元に届けられたのかを見るといったことが可能になります。

第8章　「トレーサビリティ」のWebアプリケーション開発

8-5 本章のまとめ

本章では、次のことを学びました。

- オフライン署名の意味と実装方法
- トレーサビリティの実装方法（今回はアカウントに対するメッセージ）

オフライン署名は、ユーザーのトランザクション手数料を運営者側が肩代わりすることができるので、ユーザーにブロックチェーンを意識させずにアプリケーションを実装できます。それを活かせば、さまざまなユースケースに利用できるでしょう。

●ハンズオンの動画のURL

`git clone`するのではなく、一から構築する一連の様子をYouTubeで公開しているので、参考にしてみてください。

```
https://www.youtube.com/playlist?list=PLZOODM4SRY_SUcCqqdCXQ_
iDfPhhBb5Tr
```

Appendix

より深く学ぶために

A-1 デプロイ

A-1-1 Vercelによるデプロイ

Vercelを使ったデプロイ方法および注意が必要な部分を解説します。

Vercelとは、フロントエンド開発のプラットフォームです。本書のデモアプリ構築に使ったNext.jsと同じ会社が運営しているので、Next.jsで開発した場合、とてもスムーズにアプリを公開できます。無料のHobbyプランがあり、Hobbyプランでも個人開発や勉強用であれば十分な機能を備えているので活用してください。

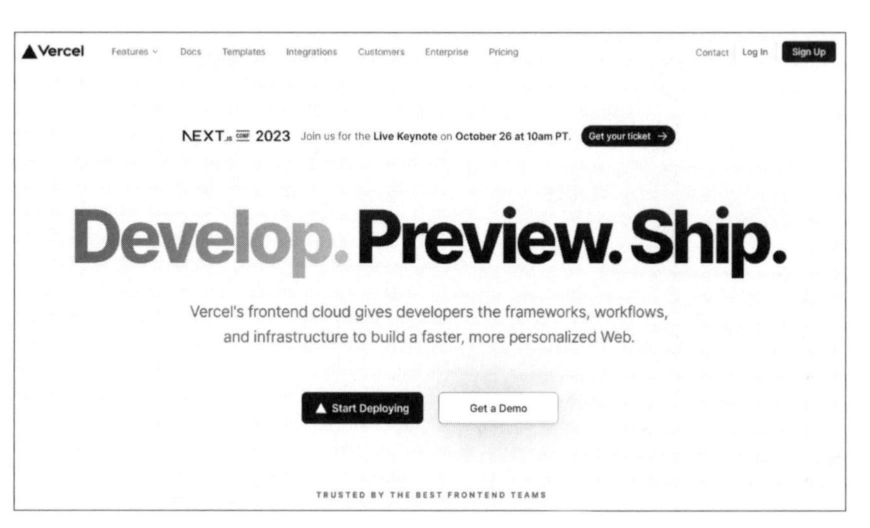

● 図A-1　Vercel公式サイト（https://vercel.com/）

● 1. Vercelにサインアップ後、[Create a New Project] ボタンを押す

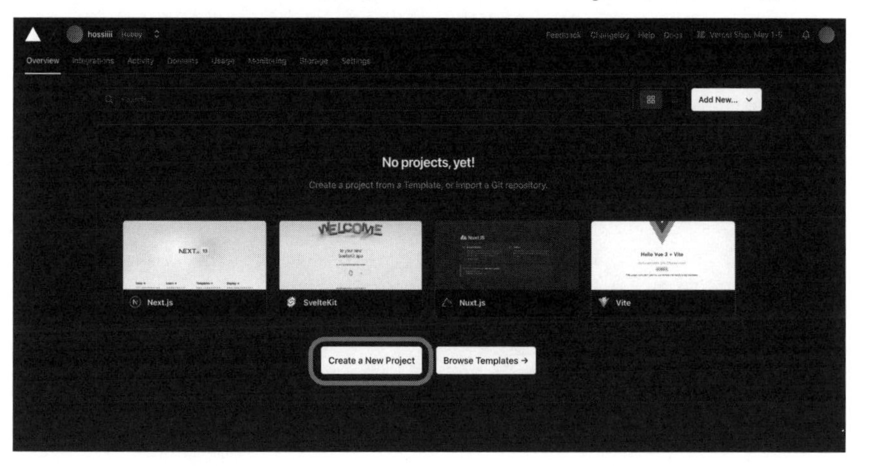

● 図A-2　ホーム画面

● 2. 作成したレポジトリを選択し、[Import] ボタンを押す

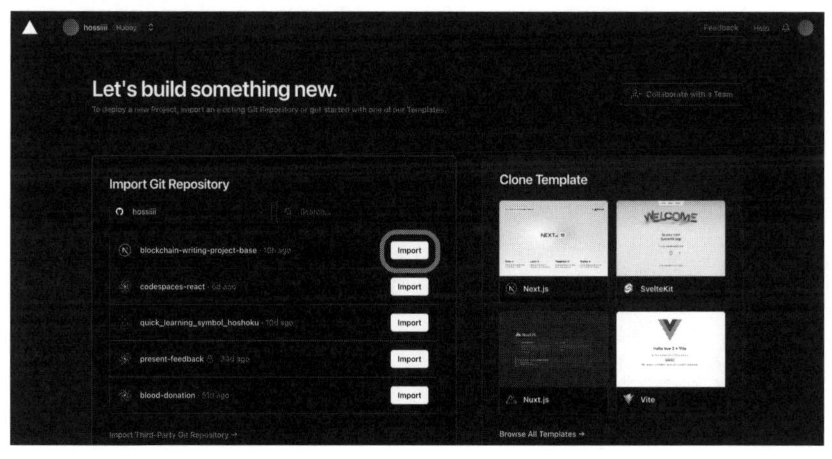

● 図A-3　レポジトリ選択画面

3. 環境変数部分だけを設定し、[Deploy] ボタンを押す

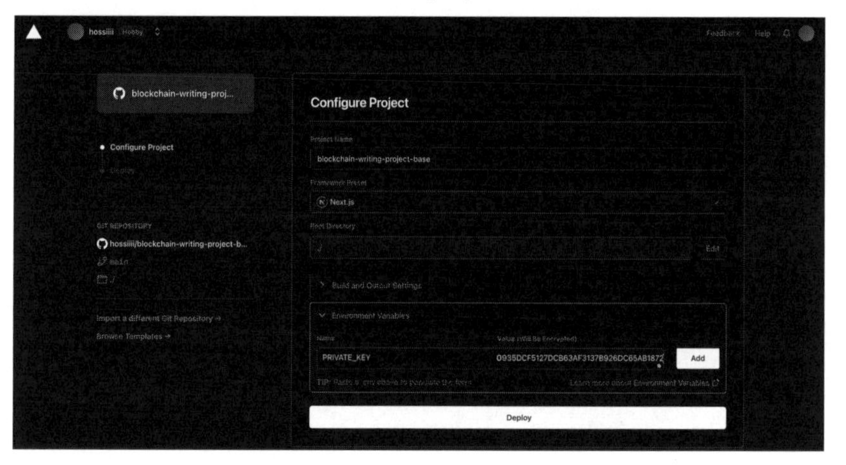

● 図A-4 デプロイ用設定画面

4. デプロイ完了（作業は継続）

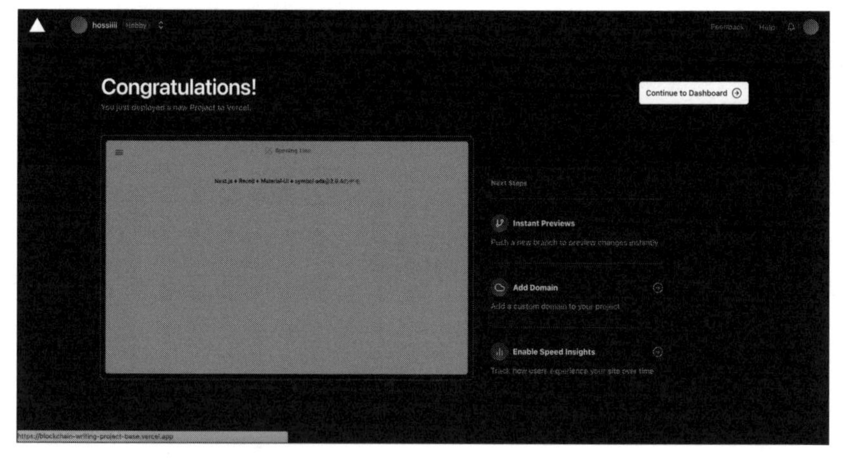

● 図A-5 デプロイ完了画面

5. トップページに移動し、上部のメニューから［Settings］を選択

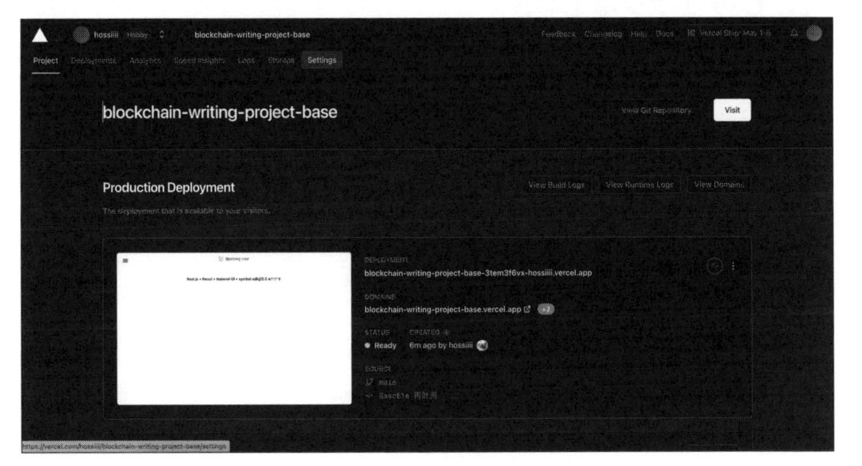

● 図A-6　設定画面への遷移タブ

6. デプロイするリージョンを［TOKYO］にする

デプロイするリージョンを設定します。この設定をしないとデフォルトが［US］になりますが、その場合、ノードによってレスポンスタイムが1秒を超えてしまいます。そうすると、たとえばサーバ側でアナウンス後の未承認Txを検知しようとしても、すでに未承認Txイベントが終了しているため、検知がうまくできないという事象が発生します。

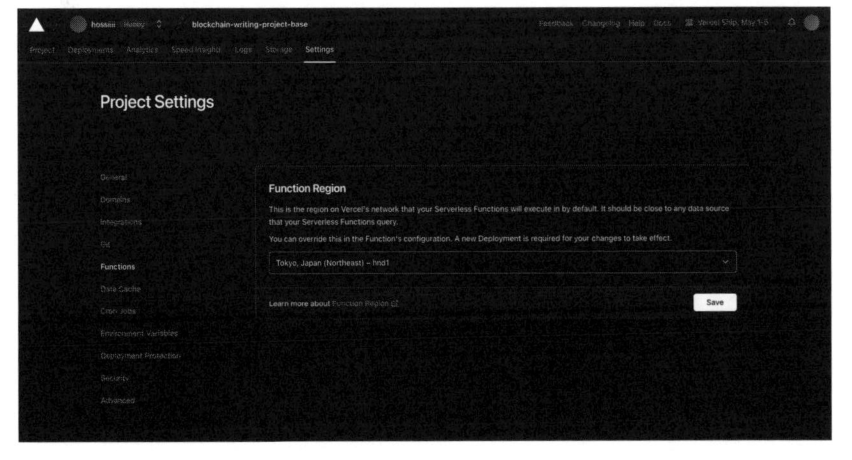

● 図A-7　設定画面のリージョン選択画面

A-1-2 チェックポイント

設定ファイルである**next.config.js**の中に、次の設定を入れておく必要があります。

```
experimental: {
    appDir: false,
  },
```

デモアプリのレポジトリには含まれていますが、一から構築する場合には注意してください。

A-2 開発ツール

A-2-1 SDKについて

SymbolのSDKは、Symbolブロックチェーンとやりとりするための一連のライブラリを提供します。これらのライブラリを利用することで、開発者は独自のアプリケーションを容易に開発できます。公式にはJavaScript、TypeScript、JavaのSDKが提供されています。各言語向けのSDKは、GitHubのリポジトリで公開されています。

・javaScript/TypeScript
https://github.com/symbol/symbol-sdk-typescript-javascript

・Java
https://github.com/symbol/sdk-java

A-2-2 今後のバージョンアップ

Symbolはオープンソースプロジェクトのため、バージョンアップはコミュニティの協力によって行われます。バージョンアップすることでSDKの機能が拡張され、新しいユースケースが可能になります。

本書では、安定しているTypeScript SDKのバージョン2.0.4を使っています。今後は、より軽量でブロックチェーン部分に特化しているバージョン3.x系が主流になっていくでしょう。

・JavaScript SDK v3
https://github.com/symbol/symbol/tree/dev/sdk/javascript

・Python SDK v3

https://github.com/symbol/symbol/tree/dev/sdk/python

● 図A-8　Symbolリファレンス：SDK（https://docs.symbol.dev/ja/sdk.html）

A-3

多言語開発

Symbolブロックチェーンは、独自のコントラクトを作成することなく、すでに検証済みのコントラクトがAPIという形で提供されているため、任意の言語から利用できます。しかし、よりAPIを利用しやすいように、非公式ながら有志によるSDKの開発も行われています。

A-3-1 tsunagi-functions

tsunagi-functionsは、「各言語のSDKが公式から提供されるまでの繋ぎ」という意味で、有志によって作られたSDKです。Dart、Go、PHP、Ruby、Rustがあります。

```
https://github.com/xembook/tsunagi-functions
```

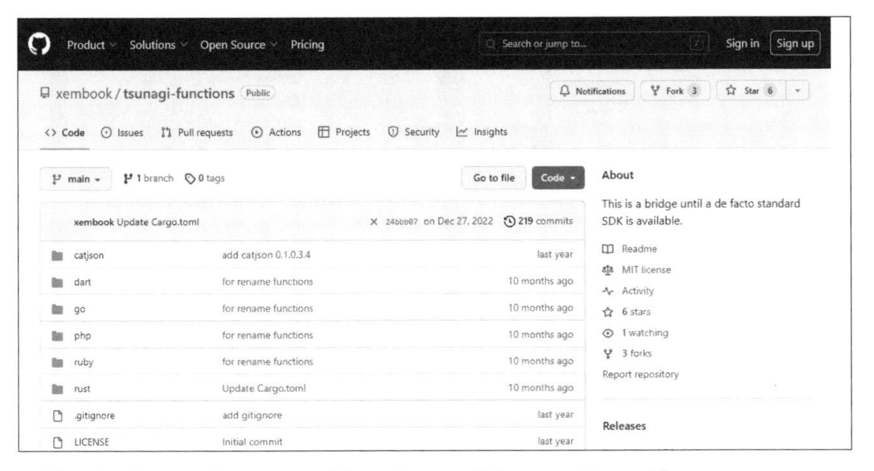

● 図A-9　GitHub上のtsunagi-functionsのダウンロードページ

Appendix　より深く学ぶために

A-4 リソース

A-4-1 コミュニティ

Symbol Community Web

Symbolに関する情報がまとめられたサイトです。コミュニティのメンバーによって運営されています。

```
https://symbol-community.com/
```

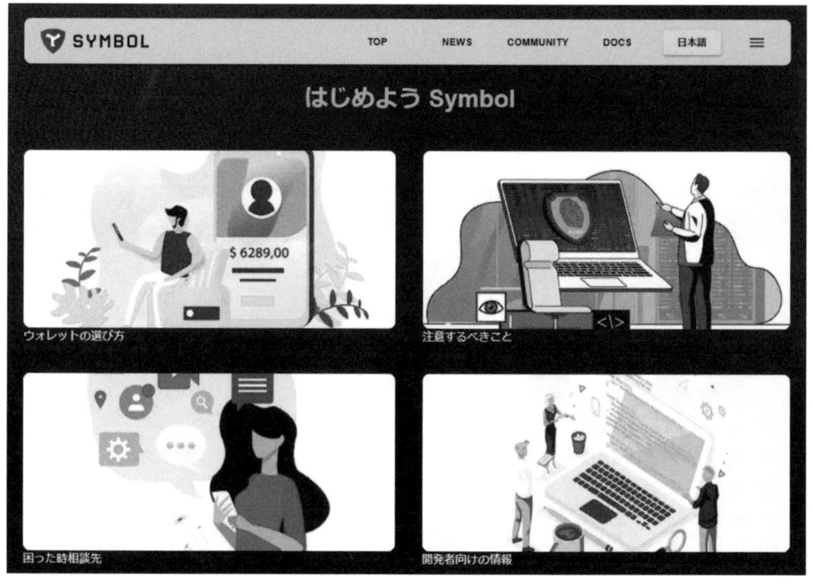

● 図A-10　シンボルコミュニティ

NEMTUS

特定非営利活動法人NEM技術普及推進会NEMTUSの公式サイトです。

日本において、NEMとSymbol技術の普及や発展を促進するNPO法人です。

「啓発普及・教育・サポート事業」「イベント事業」「開発・提供・運用事業」を手掛けています。

```
https://nemtus.com/
```

● 図A-11　NEMTUS公式サイト

A-4-2 YouTube

Symbolの開発者向けには、有志によってYouTubeチャンネルで多数のチュートリアルビデオが提供されています。これらの動画は、SDKの使用方法を学ぶのに役立ちます。

● NEMTUS Official

特定非営利法人NEM技術普及推進会NEMTUSの公式YouTubeチャンネルです。Symbolの前身であるNEMからSymbolまで技術やイベントまで、さまざまな情報を提供しています。

```
https://www.youtube.com/channel/UCfJ9GvY4ZoSi_RHYQjbsEZA
```

● 図A-12　NEMTUS Officialチャンネル

松本一将のチャンネル

本書に掲載しているハンズオンの動画や、初心者向けのSymbolウォレット解説動画などを提供しています。

```
https://www.youtube.com/@kazumasamatsumoto
```

● 図A-13　松本一将のチャンネル

あとがき

本書で掲載されているデモアプリの作成などを担当した星川です。私はもともと整体師で、趣味で個人開発をしているくらいだったのですが、そんな私でも簡単にブロックチェーンを扱うことができたのがSymbolブロックチェーンでした。

初めてSymbolを活用したアプリとして、特定のトークンを保有しているアカウントのみが参加できる「TokenLive」というライブ配信サイトを作りましたが、構築にかかった期間は3カ月でした。そのうち、Symbolの学習から実装自体に要した期間は2週間ほどです。また、Symbolの魅力は技術面だけではありません。Symbolの技術者コミュニティは初心者に優しく、どんな些細な質問でもていねいに回答してくれていたことも開発を容易にしてくれた一因でした。

当初は「ブロックチェーンとは？」という状態だった私も、実際に手を動かして実装してみることで、どんなことができるのか、どんなところがすごいと言われているのかが段々とわかっていきました。

個人開発者として一番悲しいのは、せっかく作ったのに誰にも使われなかったということですが、Symbolコミュニティのメンバーは積極的に使って遊んでくれるので、それがさらにモチベーションになりました。投げ銭、Symbolの技術を使ったクラウドファウンディングサービス「quest」などによって、開発に対しての支援も積極的に行われています。「まずは何か作ってみる」「本書のデモアプリを改変してアレンジしてみる」など、ぜひみなさんにも本書を活用して開発を楽しんでいただければと思います。

最後に、本書執筆に関わってくれたたくさんの方々、出版の担当をしていただいた秀和システムの西田雅典さんに感謝を述べさせていただきます。本書が、少しでも多くの人の目に留まることを期待しております。

2023年10月

株式会社Opening Line　星川 健太

索 引

あ行

か行

さ行

た行

な行

は行

ま行

や行・ら行

●著者

株式会社Opening Line

https://www.opening-line.co.jp/

2017年創業。「いつ、誰が、誰に対して、何をした」という記録を誰でも検証可能な形で、なおかつ改竄が極めて難しい形で残せる「ブロックチェーン技術」を活用したサービスの開発を行っています。社名の「Opening Line」は「物語の最初の1行」を意味し、書き始めたプログラム、そして創り上げたソフトウェアが社会をよりよくする「はじまりの1行」になり、より安心・安全で誰もが住みやすい社会を創ることを目指しています。

●執筆

松本 一将（まつもと かずまさ）
障碍者支援施設で支援員として勤務していたときに「3ステップウォレット」を開発し、それをきっかけにエンジニアとして転職、2021年にOpening Lineに入社。最近では半導体やCPUに興味を持ち始めました。
X；@kazumasamatsumo

星川 健太（ほしかわ けんた）
ネットワークエンジニアから整体師という異色の経歴で、現在はブロックチェーンエンジニアとしてOpening Lineで活動中。やっぱり目に見えて動くものを作る仕事は楽しいですね！

稲垣 達大（いながき たつひろ）
Symbolブロックチェーンを用いた認証システムや自己主権型アイデンティティについて研究しています。また、Symbolブロックチェーンの秘密鍵を管理する「SSS_Extension」というブラウザ拡張機能を開発しています。

カバーデザイン：米谷 テツヤ（パス）
DTP：本薗 直美（ゲイザー）

エンジニアのための実践（じっせん）SYMBOL（シンボル）ブロックチェーンアプリケーション

発行日　2023年 12月　1日　　第1版第1刷

著　者　株式会社Opening Line（かぶしきがいしゃオープニング ライン）

発行者　斉藤　和邦
発行所　株式会社　秀和システム
〒135-0016
東京都江東区東陽2-4-2　新宮ビル2F
Tel 03-6264-3105（販売）Fax 03-6264-3094
印刷所　日経印刷株式会社

ISBN978-4-7980-7029-2 C3055

定価はカバーに表示してあります。
乱丁本・落丁本はお取りかえいたします。
本書に関するご質問については、ご質問の内容と住所、氏名、電話番号を明記のうえ、当社編集部宛FAXまたは書面にてお送りください。お電話によるご質問は受け付けておりませんのであらかじめご了承ください。